ÖSTERREICHISCH-UNGARISCHE KRIEGSSCHIFFE 1914 BIS 1918

Wilhelm M. Donko

Motor
buch
Verlag

Einbandgestaltung: Frank Zähringer

Bildnachweis: Die zur Illustration dieses Buches verwendeten Aufnahmen stammen – wenn nicht anderes vermerkt ist – aus dem Privatarchiv des Verfassers oder aus dem Bildarchiv des Vereins k.u.k. Kriegsmarinearchiv Wien.

ISBN 978-3-613-04281-0

1. Auflage 2020

Sie finden uns im Internet unter www.motorbuch-verlag.de

Lektorat: Joachim Köster
Innengestaltung: WS – WerbeService Linke, 76185 Karlsruhe
Druck und Bindung: DZS Grafik, 1210 Ljubljana
Printed in Slovenia

Inhalt

Das Lohner-Flugboot L 53 landet vor einem Schlachtschiff der »Radetzky«-Klasse in der Bucht von Pola, aufgenommen im Ersten Weltkrieg.

Vorwort

In diesem Buch werden die Kriegsschiffe der Seemacht Österreich-Ungarn im Ersten Weltkrieg und deren Verbleib behandelt. Detailliert beschrieben werden alle damals vorhandenen oder im Bau befindlichen Schlachtschiffe, Panzerkreuzer, Kreuzer, Zerstörer, Torpedoboote und Unterseeboote der österreichisch-ungarischen Kriegsmarine, die man meist schlicht k.u.k., also kaiserliche und königliche, Kriegsmarine nannte. Das bezieht sich sowohl auf die technischen Daten, die einheitlich in Tabellenform vermittelt werden, die Baugeschichte, das Leistungsvermögen der Schiffe und ihre Einordnung in die internationale Flottenbau- und Typengeschichte ihrer Zeit. Alle diese Schiffe sind im Buch zudem sehr ausführlich fotografisch dokumentiert, wobei zum Zwecke der Schiffserkennung großer Wert auf die verschiedenen Bauzustände und Umbauten gelegt wird. Auch auf die Farbgebung in den einzelnen Phasen der Dienstzeit wird Bezug genommen, um die Datierung der Schiffsaufnahmen zu erleichtern. Das Buch ist daher in erster Linie als ein Nachschlagewerk für die k.u.k. Kriegsschiffe 1914–1918 gedacht.
Nicht oder nur ansatzweise behandelt werden dagegen die Einsatzgeschichten der Schiffe, Österreich-Ungarns Marine- und Flottenpolitik, das Leben an Bord der Schiffe, große Persönlichkeiten und die Strukturen der k.u.k. Kriegsmarine. Aus Platzgründen ebenfalls nicht behandelt werden des Weiteren die zur österreichisch-ungarischen Kriegsmarine gehörenden Hilfsschiffe, die Seeflieger und die k.u.k. Flussschiffe (Donau-Monitore).

In all den Jahren meiner Beschäftigung mit Österreichs Marinegeschichte habe ich sehr viel Unterstützung von Experten erfahren, die ich nicht alle namentlich anführen kann. Ich möchte aber besonders Herrn Prof. Erwin Sieche und all meinen Freunden im Verein k.u.k. Kriegsmarine-Archiv (KMA) in Wien meinen herzlichen Dank aussprechen, in erster Linie für die umfangreiche und stets als so selbstverständlich erfahrene Hilfe bei der Beschaffung von Informationen und Fotos. Ich erlaube mir, neben KMA-Präsident Oliver Trulei, die Namen dieser wichtigsten Unterstützer für dieses Buch in alphabetischer Reihenfolge und ohne Gewichtung zu nennen: Dr. Wladimir Aichelburg, Dr. Lothar Baumgartner (†), Dr. Klaus Körner, Ing. Fritz Marschner, Vikar Georg Pawlik, Alexander Traiber und Thomas Zimmel. Der weitaus größte Teil der hier veröffentlichten Aufnahmen stammt aus dem umfangreichen Bildarchiv des KMA oder der Privatsammlung des Autors, sofern nicht ausdrücklich anders angegeben.

Schärding/Oslo, Februar 2020

Der Autor

Wilhelm M. DONKO, Jahrgang 1960, in Linz/Donau geboren und in Schärding/Inn aufgewachsen. Nach kurzer Seefahrtzeit Studium von Geschichte und Geographie an den Universitäten Salzburg und Tokio (»Todai«); 1990 Eintritt in den diplomatischen Dienst der Republik Österreich. Nachfolgend an den österreichischen Vertretungen in Algier, Moskau und Ankara stationiert, danach österreichischer Botschafter in Seoul (2005–2009) und in Manila (2009–2013); in Wien insgesamt acht Jahre in der Asien-Abteilung des Außenministeriums tätig, seit 2017 österreichischer Botschafter in Oslo. Zahlreiche Artikel- und Buchveröffentlichungen, hauptsächlich zum Thema Marinegeschichte.

Einleitung

Eine kurze Geschichte der Seemacht Österreich

Bei Kriegsausbruch 1914 war Österreich-Ungarns Marine die achtgrößte der Welt, mit modernen Schlachtschiffen und allem was zur Marine einer Großmacht gehörte. In Europa verfügten nur England, Deutschland, Frankreich, Italien und (nur nominell) Russland über größere Seestreitkräfte als Österreich-Ungarn, in Übersee nur die USA und Japan. Reiht man Russlands Marine dahinter ein, was manche Historiker auch tun, war es die siebtgrößte der Welt. Anders ausgedrückt, war Österreich-Ungarns Kriegsmarine aber die kleinste unter den damaligen Großmächten. Seit Mitte des 19. Jahrhunderts hatte sich die Kriegsmarine der Donaumonarchie erfolgreich als eine maritime Streitkraft mit durchaus österreichischem Charakter entwickelt. Deutsch war offizielle Kommandosprache, an Bord der Schiffe wurden aber viele Sprachen der Doppelmonarchie gesprochen.

Österreichs Marinegeschichte beginnt eigentlich bereits im Jahr 1382, als das Haus Habsburg in Triest Zugang zum Adriatischen Meer gewann. Triest stellte sich damals, aus berechtigter Furcht vor der mächtigen Nachbarstadt Venedig, freiwillig unter Österreichs Schutz. Aber es dauerte sehr lange, bis man in Wien an den Aufbau einer eigenen Kriegsmarine schritt. Einige österreichische Herrscher, besonders Karl VI., Maria Theresia und Joseph II., unternahmen zumindest in kleinem Rahmen zaghafte Versuche, eigene Marinestreitkräfte zu schaffen. Aber erst im Zuge der Napoleonischen Kriege wurde Österreich zu einer richtigen Seemacht. Der Friede von Campoformio 1797 kann als das Geburtsdatum einer österreichischen Kriegsmarine bezeichnet werden, d.h. als Venedig ein Teil des Habsburger-Reiches wurde.

Über 1000 Jahre lang war Venedig eine bedeutsame Seemacht gewesen, 1797 kam nicht nur die Stadt, sondern auch die einst mächtige Flotte unter die Kontrolle Wiens. Die einst stolze Marine Venedigs war aber zum Zeitpunkt der Übernahme durch Österreich schon sehr geschwächt und weit von alten Glanzzeiten entfernt. Und noch viel wichtiger: im eigentlichen Kern blieb diese Marine eine venezianisch-italienische. Zwar führten ihre Schiffe nun die rotweißrote Flagge am Heck, die Kommandosprache an Bord war aber weiterhin italienisch, die Tradition venezianisch. Wien versuchte zwar einige Reformen, die wichtigsten setzte dabei der sehr junge Erzherzog Friedrich als Oberbefehlshaber, der sowohl innerhalb der Monarchie als auch bei ersten internationalen Einsätzen, z.B. in Saida (Sidon) im Libanon, Aufmerksamkeit erregte. Zumindest das Bewusstsein der Existenz einer österreichischen Flotte wurde dabei geschaffen. Leider starb er schon 1847, im Alter von nur 26 Jahren.

Das eigentliche Schicksalsjahr für Österreich als Seemacht war das europäische Revolutionsjahr 1848. Diese sogenannte März-Revolution war in Wien und in den deutschen Städten vorwiegend eine liberale, bürgerlich-demokratische, verbunden mit nationalen Einheitsbestrebungen, gerichtet gegen Pressezensur, für bürgerliche Freiheiten etc. In den von Österreich kontrollierten Regionen in Norditalien war es in erster Linie eine italienisch-nationalistische Revolution, die sich damit sehr gegen Österreich richtete. Die durchwegs italienischen Besatzungen der Kriegsschiffe schlugen sich in Venedig bei Beginn des Aufstandes sofort auf die italienische Seite. Johann von Marinovich, Kommandant des Seearsenals in Venedig, wurde vom revolutionären Mob gelyncht, nur etwa ein Drittel der Offiziere und Mannschaften stand loyal zu Österreich. Mit ihnen blieben zumindest auch die drei größten und kampfkräftigsten Schiffe der Flotte erhalten, nämlich die Fregatten »Bellona«, »Venere« und »Guerriera«, dazu zahlreiche kleinere Einheiten. Erst als Lehre aus dieser Katastrophe von 1848, bei der sich die neue Marine als völlig unzuverlässig für die Wahrung der österreichischen Interessen in Italien erwiesen hatte, begann man nun mit ernsthaften Reformen im Sinne des Aufbaus einer »echten« österreichischen Marine.

Der junge, erst 18-jährige Franz Joseph wurde in Olmütz, wohin der Wiener Hof geflüchtet war, im Dezember 1848 zum Kaiser gekrönt; niemand konnte damals ahnen, dass er 68 Jahre lang das Schicksal der Monarchie führen sollte. Noch war das im Aufstand befindliche Oberitalien inklusive Venedig nicht wieder unter österreichischer Kontrolle. Der energische junge Herrscher ernannte im Februar 1849 in Olmütz einen ihm anempfohlenen dänischen Marineoffizier, Hans Birch Dahlerup, zum Vizeadmiral und Oberbefehlshaber seiner Kriegsmarine.

Dahlerup beherrschte als hochrangiger dänischer Seeoffizier die deutsche Sprache perfekt, wie damals üblich. Er reiste sofort nach Triest, machte eine Bestandsaufnahme der noch vorhandenen Marinestreitkräfte und führte diese erfolgreich gegen die Stadt Venedig, die nach Ausrufung der Unabhängigkeit (als Repubblica di San Marco) unter Belagerung stand; im August 1849 konnten die Österreicher dorthin zurückkehren, dank der Siege zu Lande von Feldmarschall Radetzky; die Marine hatte nur eine Nebenrolle gespielt. Nun

konzentrierte sich Dahlerup auf die Reformarbeit innerhalb der Marine, d.h. auf das Ziel, weg von einer venezianisch-italienischen Marine zu kommen. Er erließ moderne Vorschriften, z.T. basierend auf dänischen Vorbildern, sorgte für eine effizientere Marineverwaltung. Die Schiffsnamen wurden ins Deutsche übertragen, aus der »Trieste« wurde zum Beispiel die »Triest« oder aus der »Lipsia« die »Leipzig«, andere Namen wie »Cesarea« verschwanden bzw. wurden durch sprachlich neutrale ersetzt. Besonders wichtig: Deutsch wurde als Kommandosprache verpflichtend eingeführt (auch wenn an Bord weiterhin viele Sprachen gesprochen wurden, besonders Italienisch und Kroatisch). In den nächsten Jahren wurde die zentrale Infrastruktur der Marine von Venedig in die kleine Stadt Pola (kroatisch Pula) verlegt, an der Südspitze von Istrien gelegen.
Die einst mächtige römische Stadt mit einem Amphitheater mit 23.000 Sitzplätzen war über die Jahrhunderte im Schatten Venedigs zu einem Fischerstädtchen mit zuletzt ca. 900 Einwohnern verkommen. In Pola wurde nun ab 1850 mit dem Bau eines neuen, großen Marinearsenals begonnen, samt Werftanlagen (1910 hatte diese österreichische »Marinestadt«, deren Geschichte etwas mit dem aus dem Boden gestampften Wilhelmshaven vergleichbar ist, schon über 60.000 Einwohner). Im Jahr 1850 wurde eine österreichische Marineakademie gegründet, die später in Fiume (kroatisch Rijeka) ihren endgültigen Standort fand. Vor allem aber wurden unter dem Dänen Dahlerup österreichische, deutsche sowie skandinavische Offiziere rekrutiert, dazu auch viele kroatische, ungarische, slowenische, tschechische, slowakische, polnische etc., die natürlich auch durchwegs der deutschen Sprache mächtig sein mussten. Im Prinzip waren also Menschen aus allen anderen Teilen der Monarchie willkommen, das eigentliche Motto in dieser Aufbauphase war jedoch: ausgenommen Italiener. Dieser Umstand sollte hier nicht als bösartig diskriminierend missverstanden werden, es ging schlichtweg um den Aufbau einer loyalen Marine, die Österreichs Interessen gerade in und auch gegen Italien verteidigen sollte. Trotzdem verblieben weiterhin viele Italiener in der österreichischen Marine oder traten neu ein, bis 1918; nicht nur Menschen aus dem mehr traditionell altösterreichischen Triest, sondern auch solche, die als Minderheit in den Hafenstädten an der langen dalmatinischen Küste lebten und sich dem Hause Österreich eng verbunden fühlten.
Dahlerup schied bereits 1851 aus Österreichs Diensten: Er hatte sich mit seiner schroffen nordischen Art in den intrigenreichen Kreisen des Wiener Hofes wenig Freunde gemacht, aber viele entscheidende Reformen erfolgreich auf den Weg gebracht.
Ein neuer und wichtiger Entwicklungsabschnitt begann für Österreichs Marine, als 1854 Erzherzog Ferdinand Max, der intelligente junge Bruder von Kaiser Franz Joseph I., zu deren Oberbefehlshaber ernannt wurde. Er ließ sich selbst zum Marineoffizier ausbilden und hat sehr viel für die Identität und Entwicklung der k.k. Marine getan. Er war auch Förderer fast aller Übersee-Aktivitäten, inklusive der ersten

Erzherzog Ferdinand Max, der jüngere Bruder von Kaiser Franz Joseph, liebte die Seefahrt und die Marine, deren Oberbefehlshaber er war, und er wurde auch zu deren wichtigsten Förderer. 1864 wurde er (auf Betreiben Kaiser Napoleons III. von Frankreich) Kaiser von Mexiko und nannte sich dort Maximilian I. Hier sein Porträt vom bekannten Maler Franz Xaver Winterhalter.

Weltreise durch die Fregatte »Novara« 1857–1859 und der Einführung regelmäßiger Überseereisen für ausgemusterte Seekadetten. Da Österreich zu dieser Zeit noch Mitglied des Deutschen Bundes war und mit Preußen um die Vorherrschaft innerhalb Deutschlands wetteiferte, wurde diese wissenschaftliche Weltumsegelung der »Novara« in der Bevölkerung auch als die erste eines deutschen Kriegsschiffes wahrgenommen. Ein Buch darüber, geschrieben vom Wissenschaftler Karl von Scherzer, fand eine damals unglaubliche Verbreitung im gesamten aufstrebenden deutschen Bildungsbürgertum.
Auch Erzherzog Ferdinand Max verließ Österreichs Marine viel zu früh und wurde 1864, unter dem Namen Maximilian I., Kaiser von Mexiko. Das politische Abenteuer, das er auf Drängen des französischen Kaisers Napoleon III. gewagt hatte, misslang in tragischer Weise; er wurde dort 1867 hingerichtet.
Eine erste Bewährungsprobe erlebte die junge österreichische Marine 1864, im sogenannten Deutsch-Dänischen Krieg, der um die Kontrolle über Schleswig geführt wurde. An Land war Dänemark unterlegen, zur See konnte Preußen der dänischen Seeblockade aber fast nichts entgegensetzen. Berlin bat daher in Wien um maritime Unterstützung

und Österreich sandte seine besten Kriegsschiffe zu Hilfe. Am 09. Mai 1864 fand das Seegefecht bei Helgoland statt: Das dänische Nordseegeschwader bestand aus drei großen Kampfschiffen, das österreichische aus nur zwei, dazu kamen drei kleine preußische Kanonenboote; diese brachten aber kaum zusätzliche Kampfkraft und kamen gar nicht zur Schussabgabe. Es gab zwar keinen eindeutigen Sieger der Schlacht, dennoch beanspruchten beide Seiten ihn für sich. Die österreichischen Schiffe hatten sich bei Helgoland jedenfalls tapfer geschlagen und anerkannt bewährt, Commodore Tegetthoff wurde einen Tag später zum Konteradmiral befördert (in Cuxhaven und Hamburg stehen noch Denkmäler für die Österreicher).

Tegetthoff und der Seesieg von Lissa 1866

Bereits im Jahr 1866 kam dann die entscheidende Bewährungsprobe für die k.k. österreichische Marine, die auch Kaiser Maximilian I. noch von Mexiko aus erleben durfte. Der südsteirische Admiral Wilhelm von Tegetthoff besiegte am 20. Juli 1866 die zahlenmäßig klar überlegene italienische Flotte in der Seeschlacht von Lissa (Vis) in der Adria. Österreich hatte einen Seehelden. Unmittelbar nach der Schlacht wurde er zum Vizeadmiral befördert. Seine teilweise noch hölzernen Schiffe waren meist nur nachträglich und sehr notdürftig gepanzert worden. Auf österreichischer Seite ging kein einziges Schiff verloren, es gab nur 38 Tote und 138 Verwundete. Die italienische Seite verlor zwei Panzerschiffe und hatte 612 Tote, 38 Verwundete und 19 Gefangene zu beklagen. Keine Seite hatte nach diesen heftigen Gefechten Interesse an der Fortführung der Schlacht, die Italiener zogen sich nach den schweren Verlusten gegen Abend demoralisiert nach Ancona zurück.

Für die junge österreichische Flotte war es ein fulminanter Sieg und gab der Marine enormes Selbstvertrauen. Die führenden Seeoffiziere hatten schon zu einem erheblichen Teil deutsch klingende Namen; die Marine hatte sich seit der Katastrophe von 1848 substantiell verändert. Tegetthoff, artilleristisch klar unterlegen, hatte diese größte Seeschlacht seit Trafalgar 1805 vor allem durch geschickte taktische Führung, bessere Ausbildung seiner Soldaten und dazu die rücksichtslose Anwendung der Rammtaktik (!) gewonnen. Letztere war eigentlich 1866, bei dem fortgeschrittenen Stand der Entwicklung der Schiffsartillerie, schon völlig obsolet, ihr so beherzter Einsatz war aber unglaublich erfolgreich gewesen.

Die Seeschlacht fand in einer wichtigen Übergangsphase statt. Es war der erste große Kampf zwischen Panzerschiffen auf beiden Seiten, aber zugleich der letzte in der Seekriegsgeschichte, in der auch Holzschiffe noch eine wichtige Rolle spielten. Lissa hatte große Auswirkungen auf die Entwicklung des modernen Kriegsschiffbaus, wo sich ab den 1860-er Jahren sehr substantielle Änderungen in der Typenentwicklung abzeichneten: moderne Artillerie und die Entwicklung der Torpedowaffe führten u.a. zu einer erheblichen Steigerung der Kampfentfernungen auf See, »Nahkämpfe« unter Kriegsschiffen gab es bald kaum mehr. Dennoch wurde, im Lichte der falschen Analysen von Lissa, noch jahrzehntelang und in allen Marinen jedes moderne Kriegsschiff mit einem schweren Rammbug ausgestattet, der Lissa 1866 geschuldet war, bis hin zum Ersten Weltkrieg. Im Kampf erwies er sich als völlig nutzlos, im Frieden wurden damit in den nächsten Jahrzehnten überall viele eigene Schiffe bei Manöverunfällen erheblich beschädigt.

Parallel zu Lissa bescherten 1866 aber die Preußen, Verbündete der Italiener, der österreichischen Armee in der Schlacht von Königgrätz eine vernichtende Niederlage. Unter Bismarcks Federführung wurde dann der Vorfriede von Nikolsburg in Südmähren geschlossen, Österreich war damit im Kampf um die Vorherrschaft in Deutschland endgültig ausgeschieden. Aber Bismarck bemühte sich sofort, Österreich nicht über Gebühr zu demütigen, stellte keinerlei Gebietsansprüche und konnte Wien bald als strategischen und langfristigen Bundesgenossen gewinnen. Venedig, die Geburtsstätte der österreichischen Marine, ging aber, trotz des Sieges bei Lissa, für Österreich 1866 endgültig verloren. Bismarck wollte jedoch, dass Österreich in Südosteuropa weiterhin eine entscheidende Rolle spielt, d.h. als enger Verbündeter des Deutschen Reiches, das 1871 gegründet wurde. »Der Balkan ist mir nicht die gesunden Knochen eines einzigen pommerschen Grenadiers wert«, so das berühmte Zitat Otto von Bismarck auf der Berliner Balkan-Konferenz von 1878. Dieses Bündnis mit Deutschland hielt dann auch bis zum Ersten Weltkrieg.

Oben: Es gibt eine Reihe bekannter Gemälde der Seeschlacht von Lissa vom 20. Juli 1866, meist zeigen sie den dramatischen Rammstoß von Tegetthoffs Flaggenschiff »Erzherzog Ferdinand Max« gegen das italienische Flaggenschiff »Re d'Italia«, das mit 381 Mann unterging. Dieses bekannte Gemälde stammt vom dänischen Marinemaler Carl Frederik Sørensen.

Rechts: Das berühmteste Gemälde der Seeschlacht von Lissa 1866 von Anton Romako, es befindet sich heute in der Galerie Belvedere in Wien und zeigt Tegetthoff in Erwartung des Rammstoßes gegen das italienische Flaggenschiff »Re d'Italia«; links von ihm der spätere Admiral und Marinekommandant Maximilian Daublebsky Freiherr von Sterneck, Kommandant des Flaggenschiffs »Ferdinand Max« in der Schlacht.

Unten: Fotografische Aufnahmen der Seeschlacht von Lissa 1866 gibt es keine, aber kurz nach der Schlacht wurden erste authentische Lichtbilder aufgenommen, wie hier das beschädigte hölzerne Linienschiff »Kaiser«. Der »Kaiser« rammte in der Schlacht unter dem Kommando von Linienschiffskapitän Anton von Petz das italienische Panzerschiff »Re di Portogallo«, man beachte die schweren Schäden am Bug, der vordere Mast ist abgebrochen.

Zwanzig Jahre nach der Seeschlacht von Lissa wurde 1886 in Wien am Praterstern das große Tegetthoff-Monument feierlich enthüllt; es steht noch heute dort. Sein Monument in Pola wurde dagegen nach dem Ersten Weltkrieg von den Italienern entfernt und steht heute in Graz. Ein drittes stand in seiner Geburtsstadt Marburg an der Drau (derzeit im Museumsdepot).

Das Panzerschiff bzw. Kasemattenschiff »Tegetthoff« war die letzte schwimmende Festung dieser Bauart in Österreich, der Stapellauf erfolgte in Triest 1878. Nachfolger waren die ersten Turmschiffe »Kronprinzessin Erzherzogin Stephanie« und »Kronprinz Erzherzog Rudolf«. Die Aufnahme stammt vom Marinefotografen Johann Rottmayer.

Der Ausgleich mit Ungarn 1867: Von der »k.k. Kriegsmarine« zur »k.u.k. Kriegsmarine«

Im Jahr 1867 erfolgte ein weiterer großer staatspolitischer Einschnitt mit Auswirkungen auch auf die Marine. Aus dem Kaisertum Österreich wurde nach dem sogenannten »Ausgleich« nun Österreich-Ungarn, die Doppelmonarchie. Kaiser Franz Joseph ließ sich jetzt auch formell zum König von Ungarn krönen (er führte zudem viele weitere Königstitel, aber durchwegs ohne Krönung) und war das gemeinsame Staatsoberhaupt zweier de facto separater Staaten, aber mit gemeinsamen Außen- und Kriegsministerien. Aus der »k.k.« Kriegsmarine (»kaiserlich-königlich«) wurde nun die »k.u.k« Kriegsmarine (»kaiserlich und königlich«), wobei das kleine Wörtchen »und« eine de facto Gleichstellung der ungarischen Souveränität ausdrücken sollte. Es dauerte aber lange, bis sich diese anfangs in Militärkreisen unpopuläre Bezeichnung wirklich universell durchsetzen konnte, sodass sie erst durch kaiserliche Verordnung 1889 zwingend vorgeschrieben werden musste. Ungarn hatte mit dem Ausgleich 1867, bei Fiume (Rijeka), ebenfalls einen schmalen Zugang zum Meer erhalten und entwickelte die dortige Schiffbauindustrie. Der Zentralkriegshafen Pola in Istrien, wo praktisch alle Kriegsschiffe stationiert waren, blieb in der österreichischen Reichshälfte.

Permanente Budgetnot: Der mühsame Aufbau einer leistungsfähigen Marine nach 1866

In den Folgejahren, d.h. von Lissa 1866 bis zum Ersten Weltkrieg 1914, war die k.u.k. Marine in keine Schlachten oder größere Gefechte involviert. Die Marine hat sich in diesen Jahren, durchaus mit österreichischem Charakter, erfolgreich weiterentwickelt. Sie »zeigte Flagge« in aller Welt, wie im Zeitalter des Imperialismus üblich, eingebettet im damaligen Verständnis einer Großmacht, z.B. beim Boxeraufstand in China 1900, wo Österreich als Großmacht nicht fehlen wollte. Sie wuchs, bei allen massiven Unzulänglichkeiten und vor allem permanenter Budgetnot, zu einer der führenden Marinen der Welt heran, weitaus moderner und bedeutsamer als die einst mächtige spanische, portugiesische, osmanische oder niederländische Marine, die damals nicht ein annähernd vergleichbares Potential entfalten konnten.

Vizeadmiral Tegetthoff war 1868 zum Marinekommandanten und Chef der Marinesektion im Kriegsministerium in Wien ernannt worden. Er versuchte verzweifelt sein Prestige bzw. den Seesieg von Lissa auszunutzen, um mehr Finanzmittel zum Aufbau einer leistungsfähigen Marine zu erhalten. Er starb schon 1871 in Wien an einer Lungenentzündung, nicht zuletzt an Kummer und im Gram über das Unverständnis in führenden Kreisen der Hauptstadt, das notwendige Geld in den Aufbau der Flotte zu investieren. Der hochangesehene Tegetthoff hinterließ in der Marine eine große Lücke. Diese war aber seit seinem Sieg von Lissa 1866 nicht mehr mit jener von vor der Revolution 1848 zu vergleichen.

Sie hatte sich inzwischen auch im Bewusstsein des Staates etabliert und der stets sparsame, aber korrekte Kaiser, der Schiffe eigentlich nicht mochte, zeigte zumindest Ver-

Die Großkampfschiffe waren später im Ersten Weltkrieg in Österreich-Ungarn, wie auch im Deutschen Reich, nur als »Fleet in Being« von Wert und verbrachten ihre Dienstzeit untätig im Hafen. Hier das Schlachtschiff SMS »Erzherzog Franz Ferdinand« mit ausgebrachten Torpedoschutznetzen.

Ein k.u.k. Flottenmanöver in der Adria; kolorierte Aufnahme.

ständnis und die Einsicht, dass sein Reich eine Kriegsmarine brauchte. Anders als sein Kollege in Berlin sah er aber die Zukunft seines Reiches nicht auf dem Wasser. Er ließ die Entwicklung der Marine nur geschehen, quasi aus Staatsräson. Kaiser Franz Joseph liebte seine Armee und schöne Uniformen, aber anders als Wilhelm II. weigerte er sich ganz grundsätzlich, jemals Marineuniform zu tragen. Er vermied Seereisen, wann immer es möglich war, während seine Gattin Elisabeth und der potentielle Thronfolger Franz Ferdinand von der Seefahrt begeistert waren. Franz Ferdinand entwickelte auch eine enge persönliche Freundschaft zum bekennenden Marineliebhaber Wilhelm II., beide zeigten sich häufig gemeinsam in Admiralsuniformen.

Auf Tegetthoff folgte Friedrich von Pöck als Marinekommandant 1871–1883, auch für ihn blieb die Beschaffung ausreichender Geldmittel für die Seestreitkräfte das permanente Hauptproblem. Es waren dann in den folgenden Jahrzehnten die Marinekommandanten Maximilian Daublebsky von Sterneck 1883–1897, Hermann von Spaun 1897–1904 und

Matrosen von SMS »Erzherzog Karl« an einer Schnellfeuerkanone, die zur Abwehr von Torpedobooten diente; kolorierte Aufnahme.

Fertigung eines modernen 30,5-cm-Drillingsturmes für die »Tegetthoff«-Klasse bei den Škoda-Werken in Pilsen.

Das Torpedodepotschiff (U-Boottender) SMS »Gäa« spielte eine wichtige Rolle bei der Versorgung der deutschen U-Boote im Mittelmeer im Ersten Weltkrieg. Ursprünglich gebaut 1890/91 als Schnelldampfer »Fürst Bismarck« bei Vulcan Stettin für die HAPAG, wurde das Schiff 1904 an Russland verkauft, dort 1909 von Österreich-Ungarn erworben und dann entsprechend umgebaut.

Die k.u.k. Marine erkannte früh die Bedeutung von Flugzeugen für den Seekrieg und baute ab 1912 eine recht leistungsstarke Seefliegerei auf. Hier das Lohner-Flugboot L 50.

Das 1910 in Fiume vom Stapel gelaufene Bergungsschiff SMS »Herkules«. Es war 67,5 m lang (über alles), verdrängte ca. 1535 ts und diente auch als Hochseeschlepper.

Rudolf Graf Montecuccoli 1904–1913, die erfolgreich die Marine weiter ausbauten. 1913 übernahm Anton Haus das Kommando über die Kriegsmarine. Ihre schwersten Kämpfe führten die Marinekommandanten immer an der leidigen parlamentarischen Budgetfront, besonders nach dem Ausgleich mit Ungarn 1867. Der ansonsten sehr erfolgreiche Admiral Spaun reichte darüber sogar seinen Rücktritt ein, den der Kaiser annahm. Das Budgetproblem hatte sich in der Praxis besonders dadurch verkompliziert, dass alle größeren Anschaffungen nun von den Parlamenten in Wien und in Budapest abgesegnet werden mussten. Die Marinekommandanten waren oftmals gezwungen, juristische Tricks hart am Rande der Legalität (und darüber hinaus) anzuwenden, um den Betrieb der Marine und die Umsetzung der Bauprogramme sicherstellen zu können.

Von der österreichischen Marine und ihrem Umfeld gingen auch viele technische Neuerungen und Impulse aus, z.B. die substantielle technische Weiterentwicklung der Schiffsschraube (Marineforstbeamter Josef Ressl), die Entwicklung des Torpedos (Marineoffizier Giovanni Luppis von Rammer), die ersten Drillingstürme für schwere Marineartillerie (gebaut von den Škoda-Werken in Pilsen) oder das erste voll funktionstüchtige Luftkissenboot (Marineoffizier Dagobert Müller-Thomamühl) etc. Oftmals wurde das Potential dieser Neuerungen von der Marineführung nicht sofort erkannt, was z.B. beim Torpedo besonders bedauerlich erscheint, es fehlte ihr aber auch schlicht das Geld für Investitionen in die Weiterentwicklung solcher Erfindungen und Innovationsideen. Aber die österreichisch-ungarische Marine konnte in der Flotte alle großen und wichtigen technischen Neuentwick-

Auch Hilfsschiffe spielten eine wichtige Rolle für die Flotte. Hier das große Kohlenschiff »Pola« der k.u.k. Marine (Stapellauf 1914).

lungen nachvollziehen, wie zum Beispiel den hochkomplexen Übergang auf sogenannte »Dreadnought«-Schlachtschiffe, was aufgrund des enormen technischen Aufwandes weltweit nur sehr wenige Marinen schafften, aber auch die Einführung von Unterseebooten, von modernen Torpedobooten und Zerstörern, ebenso den Aufbau einer Marinefliegerei etc.

1911 wurde ein Flottenprogramm vorgelegt, wonach Österreich-Ungarns Kriegsmarine künftig aus 16 Schlachtschiffen, 12 Kreuzern, 24 Zerstörern und 12 U-Booten bestehen sollte. Es wurde in seinen Grundzügen vom Kaiser und den beiden Parlamenten bewilligt, aber konnte nur mehr in ersten Schritten umgesetzt werden. In der Bevölkerung gab es durchaus Unterstützung, der Bau von Kriegsschiffen war in patriotischen Kreisen populär, wenn auch nicht in dem Ausmaß wie in Deutschland. Der »Österreichische Flottenverein« wurde gegründet und war gesellschaftlich aktiv, Thronfolger Erzherzog Franz Ferdinand übernahm 1908 das Protektorat über den Verein, der rasch wuchs. Im Sommer 1914 hatte er bereits etwa 45.000 Mitglieder.

1912 verhandelte Admiral Montecuccoli mit Deutschland und Italien ein Marineabkommen im Rahmen des Dreibundes für einen gemeinsamen Seekrieg im Mittelmeer (Abschluss 01. November 1913). Im Februar 1913 trat er mit 70 Jahren in den Ruhestand, es folgte ihm Anton Haus. Nach der Ermordung von Thronfolger Erzherzog Franz Ferdinand in Sarajewo im Juni 1914 taumelten die Herrscher Europas schlafwandlerisch in die große Katastrophe, die europäische Urkatastrophe. Die in weiten Teilen patriotisch gesinnte Bevölkerung erwartete schnelle militärische Erfolge und Heldentaten in einem kurzen Krieg, zu Lande und natürlich auch zur See. Der Krieg verlief aber ganz anders, als alle Szenarien im Frieden es vorgesehen hatten.

Übung an einem Artillerie-Entfernungsmesser.

Volksgruppen in der k.u.k. Kriegsmarine

Das Problem des zunehmenden Nationalismus zwischen den verschiedenen Volksgruppen der österreichisch-ungarischen Marine wuchs zwar vor und während des Krieges kontinuierlich an, konnte aber von der k.u.k. Marine besser bewältigt werden als von anderen Organisationen und Verbänden. Es war jedenfalls kein spezifisches Problem der Marine, sondern das unlösbare Schlüsselproblem der Doppelmonarchie, um das auch die Marine nicht herumkam. Trotzdem blieb die k.u.k. Kriegsmarine bis zur allerletzten Kriegsphase als militärische Organisation einsatzbereit. Die Verteilung des Mannschaftsbestandes der k.u.k. Kriegsmarine nach Nationalitäten war 1914 wie folgt: Kroaten 31,3%, Ungarn 20,4%, Deutschösterreicher 16,3%, Italiener 14,4%, Tschechen 10,6%, Slowenen 2,8%, Polen 1,8%, Rumänen 1,2%, Ruthenen (Ukrainer) 0,8% und Slowaken 0,4%. Die Volksgruppen waren ausschließlich gemischt auf die Schiffe verteilt, es gab keine Schiffe mit Besatzungen einzelner Nationalitäten, anders als z.B. bei diversen Armeeeinheiten. Die offizielle Kommandosprache an Bord war Deutsch, in der Praxis wurden aber natürlich viele Sprachen verwendet, z.T. auch in Form einer eigentümlichen Mischung aus mehreren Sprachen, meist Deutsch, Italienisch und Kroatisch (»Lingua borda«).

Die k.u.k. Kriegsmarine im Ersten Weltkrieg

Bereits 1912 hatte die Kaiserlich-Deutsche Marine eine permanente Kampfgruppe im Mittelmeer aufgestellt, die per Berliner Kabinetts-Order den Namen »Mittelmeer-Division« erhielt. Im Sommer 1914 war Konteradmiral Wilhelm Souchon mit dem Schlachtkreuzer »Goeben« und dem Kleinen Kreuzer »Breslau« auf Station im Mittelmeer. Nach gründlicher Überholung im Seearsenal Pola beschoss er bei Kriegsausbruch französische Häfen in Nordafrika, brach dann aber vom italienischen Messina aus mit seinen schnellen Schiffen nicht, wie allgemein erwartet, in die Adria nach Pola, sondern nach Konstantinopel durch. Die k.u.k. Kriegsmarine konnte zwar nicht sofort zu Hilfe eilen, wie am 05. August 1914 von Souchon per Funkspruch erbeten, aber sie kam ihm entgegen, trotz aller Widrigkeiten und entgegen diverser Behauptungen in der Fachliteratur: am 07. August 1914 früh lief das Gros der k.u.k. Flotte von Pola aus, um Souchons Verband in den Stützpunkt einzubringen. Die deutsche Mittelmeer-Division war da aber bereits längst Richtung Istanbul unterwegs, die Adria-Variante war nur eine kluge Kriegslist Souchons gewesen. Sie trug dann wesentlich zum Kriegseintritt des Osmanischen Reiches auf Seiten der Mittelmächte bei. Für Österreich-Ungarn bedeutete dies, dass im Krieg keine deutschen Überwasser-Streitkräfte in der Adria verfügbar waren.

Eines der vielen Propagandabilder zum schicksalshaften Bündnis der Kaiser Franz Joseph I. und Wilhelm II. im Ersten Weltkrieg. Die Kaiserlich-Deutsche Marine konnte im Mittelmeer die verbündete österreichisch-ungarische Marine nur durch U-Boote unterstützen. Das einzige deutsche Großkampfschiff im Mittelmeer, der Schlachtkreuzer SMS »Goeben«, verlegte bei Kriegsausbruch nach Istanbul.

Die modernen Schlachtschiffe SMS »Viribus Unitis« und »Tegetthoff« besuchten im Mai 1914 den britischen Flottenstützpunkt Malta. Es war die einzige Auslandsreise der k.u.k. Dreadnoughts in ihrer aktiven Dienstzeit.

Sowohl in den Marineführungen von Österreich-Ungarn als auch Deutschlands war in den Planungen vor dem Krieg lange mit einer großen maritimen Entscheidungsschlacht vor der eigenen Küste gerechnet worden, die enge Seeblockade wurde dabei stets als historischer Maßstab für den Kriegsfall herangezogen, unabhängig vom genauen Szenario. Die k.u.k. Schiffe hatten bis 1913 sogar einen dunklen, olivgrünen Tarnanstrich, der sie schlecht von der dalmatinischen Küste abheben lassen sollte. Diesen Gefallen tat die Entente den Mittelmächten aber nicht, in erster Linie deshalb, weil Österreich-Ungarn und Deutschland dafür viel zu starke Flotten hatten.

Seestrategisch standen die Mittelmächte im Sommer 1914 vor einem unlösbaren Dilemma: außerhalb ihrer engen Randmeere hatten sie keine Basen und Operationsmöglichkeiten. Admiral Anton Haus hätte ja eigentlich die gemeinsamen österreichisch-ungarischen, italienischen und deutschen Seestreitkräfte im Mittelmeer in einem Krieg führen sollen, so der ursprüngliche Plan des Dreibundes. Tatsächlich aber befehligte er nun nur die k.u.k. Kriegsmarine in der Adria, zuerst gegen Frankreich, dessen Flotte schwerpunktmäßig im Mittelmeer eingesetzt war, während die Royal Navy ihre Kräfte in der Nordsee gegen Deutschland konzentrierte. Der Dreibund-Partner Italien erklärte im Sommer 1914 aber seine Neutralität und im Mai 1915 sogar den Krieg und wurde damit zum Hauptgegner. Die einzige realistische Möglichkeit für Haus war daher die Verwendung seiner Flotte als »Fleet in Being«, das heißt, er versuchte durch die bloße Existenz seiner stets einsatzbereiten Flotte möglichst große Kräfte der Entente zu binden. Das hat er auch erfolgreich umgesetzt.

Das entscheidende strategische Instrument der Entente im Krieg wurde die sogenannte Distanzblockade. Die k.u.k. Schlachtflotte wurde durch eine Blockade der Otranto-Straße in der Adria eingeschlossen, so wie die starke Kaiserliche Marine in der Nord- und Ostsee. Die Ausübung von Seemacht war nur in diesen völlig bedeutungslosen und

Thronfolger Franz Ferdinand liebte die Seefahrt und wurde zum großen Förderer der k.u.k. Kriegsmarine in den Jahren vor dem Ersten Weltkrieg. Über seine inoffizielle Dienststelle in Wien, genannt »Militärkanzlei«, mischte er sich auch in Details der Planung der Schiffe und alle anderen Angelegenheiten der Marine ein. Das geschah nicht immer nur zur Freude der Marineführung, die aber für seine Unterstützung grundsätzlich sehr dankbar war. Mit dem deutschen Kaiser verband ihn eine persönliche Freundschaft, die auch von der gemeinsamen Liebe zu Kriegsschiffen gespeist wurde. Seine Ermordung im Juni 1914 löste die europäische »Urkatastrophe« aus, den Ersten Weltkrieg. Das Gemälde stammt von Wilhelm Vita.

Die Flagge und das Emblem der k.u.k. Kriegsmarine.

leicht zu schließenden Randmeeren möglich, es gab für die Mittelmächte keine nennenswerte Zufuhr aus Übersee. Damit war langfristig der Zusammenbruch der stark vom Außenhandel abhängigen Wirtschaften vorprogrammiert, so wie es der amerikanische Marinehistoriker Alfred Thayer Mahan in seinen großartigen Studien über den Einfluss von Seemacht in der Geschichte eindrucksvoll dargelegt hatte.

Das Wesen von Seemacht wurde von den politischen Führungen der kontinental geprägten Mittelmächte stets ignoriert bzw. nie wirklich verstanden; das Vorhandensein einer starken Flotte wurde zu sehr mit Seemacht gleichgesetzt. Mahan sah Seestreitkräfte in Form einer starken Schlachtflotte zwar stets als ein unverzichtbares Element von Seemacht, aber er hat ein ganzheitliches System zur Beurteilung der Bedingungen von Seemacht entwickelt. Seemacht ist demnach ein Produkt aus Flotte in Verbindung mit seestrategischer Position, das heißt eine Flotte in Verbindung mit einem Netz aus Stützpunkten, von denen aus diese operieren kann. Und entscheidend dabei: diese beiden Faktoren beeinflussen bzw. verstärken sich nicht im Sinne einer Addition, sondern einer Multiplikation. Anders ausgedrückt: Wenn in dieser Rechnung ein Faktor null ist, so ist auch das Produkt Seemacht null. Während die Politik in Wien und Berlin in erster Linie auf den Aufbau starker Flotten abzielte, ignorierte sie diese zentrale Gleichung Mahans.

Haus, der Mahan verstanden hatte, riskierte wenig und tat auch gut daran, wie gegenteilige Aktionen 1918 zeigten, die viel Risiko bargen, ohne dass sie Änderungen der Ausgangslage bewirken hätten können. Die Armee kritisierte immer wieder diese sehr passive Strategie der Marine, der Kaiser unterstützte sie. 1916 wurde Admiral Anton Haus als erster österreichischer Marineoffizier zum Großadmiral befördert. Er starb am 08. Februar 1917 an Lungenentzündung an Bord seines Flaggschiffes »Viribus Unitis« in Pola.

Die maritimen Kampfhandlungen selbst sind für den Marinehistoriker hochinteressant, strategisch waren sie relativ belanglos und sind auch nicht Gegenstand dieses Buches. Hier nur die Höhepunkte in aller Kürze:

Der Kleine Kreuzer »Zenta« ging bereits im August 1914 verloren, die Besatzung lieferte der riesigen französischen Übermacht einen völlig aussichtslosen, aber sehr heldenhaft geführten Endkampf, der propagandistisch entsprechend verwertet wurde. In China kämpfte der alte Kreuzer »Kaiserin Elisabeth« gegen japanische Landziele, bevor das Schiff nach Verbrauch der gesamten Munition, kurz vor der Kapitulation Tsingtaus, Anfang November 1914 versenkt werden musste; die Anwesenheit des Kreuzers im deutschen Stützpunkt Tsingtau hatte im August 1914 zur Kriegserklärung von Tokio an Wien geführt. Die k.u.k. Schlachtflotte in der Adria lief aber nur einmal geschlossen aus, am 24. Mai 1915, um nach der italienischen Kriegserklärung die Stadt Ancona zu beschießen. Das Kreuzergefecht in der Otranto-Straße am 15. Mai 1917 wurde zur größten Seeschlacht der k.u.k. Marine im Ersten Weltkrieg und entsprechend propagandistisch ausgeschlachtet. Es war eigentlich nur ein kleines Gefecht von eingeschränkter Bedeutung, das mit sehr viel Glück glimpflich für Österreich-Ungarn ausging und daher als quasi Seesieg gewertet werden konnte. Dazu kamen einige kleinere Scharmützel, in die auch Schiffe bis zur Größe von Kreuzern involviert waren. Kleine italienische Torpedoschnellboote, MAS, erzielten spektakuläre Erfolge und versenkten 1918 das moderne Dreadnought-Schlachtschiff »Szent István« und (bereits 1917) das alte Schlachtschiff »Wien«. Die tägliche Hauptlast des Seekrieges lag bei den kleinen, schnellen Zerstörern und Torpedobooten sowie anderen Kleinfahrzeugen, in der Küstensicherung, beim Geleitschutz, in der Versorgung etc. Auch die Seeflieger und Donau-Monitoren sollen nicht vergessen werden.

Landkarte von Österreich-Ungarn (Ausschnitt aus D. H. Lange »Volksschul-Atlas«, Dreihundertste Auflage, George Westermann Braunschweig, 1899; Quelle: Wikipedia/gemeinfrei).

Besonders erfolgreich waren die wenigen und anfangs technisch völlig unzulänglichen und nicht frontreifen U-Boote der k.u.k. Marine, die es schon in kurzer Zeit schafften, die Adria frei von Großkampfschiffen der Entente zu halten, nachdem sie diesen einige schwere Verluste zugefügt hatten: ein französisches Schlachtschiff wurde dabei torpediert, zwei Panzerkreuzer versenkt. Die großen deutschen U-Boote im Mittelmeer erzielten spektakuläre Versenkungserfolge gegen die feindliche Handelsschifffahrt, die wenigen k.u.k. U-Boote konnten hier technisch nicht annähernd mithalten.

Die großen Seeschlachten der Flotten blieben im Mittelmeer aber aus, die Schlachtschiffe rosteten im Hafen vor sich hin, während die Armeen an den Landfronten verbluteten. In Summe fehlte der k.u.k. Kriegsmarine im Ersten Weltkrieg ein Erfolg wie Lissa, die Sinnhaftigkeit der Marine wurde mehr und mehr hinterfragt. Auch die Marineführung und die Offiziere waren nicht auf die psychologische Wirkung der kriegsbedingten Untätigkeit der großen Schiffe auf die Mannschaften vorbereitet. Ein Aufstand von k.u.k. Matrosen im Februar 1918 in der Bucht von Cattaro, auf einigen der dort stationierten Kriegsschiffe, blieb jedoch ein isoliertes Ereignis und konnte bald unter Kontrolle gebracht werden. Die

Gründe waren vorwiegend sozialer und nicht politischer Natur. Die Versorgungslage war sehr schlecht, das Essen katastrophal, der Dienst eintönig und die Unterschiede und Privilegien zwischen Offizieren und Mannschaften klafften viel zu weit auseinander, wurden z.T. fast zelebriert. Auch Deutschlands Marine erlebte Matrosenrevolten und lernte nach 1918 sehr viel aus schlechter Menschenführung; die k.u.k. Marine bekam dazu keine Gelegenheit mehr.

Österreich-Ungarns Kriegsmarine im Weltkrieg hat sich aber im Grunde als eine verlässliche Streitmacht erwiesen und bewährt. Sie kämpfte bis zu ihrem letzten Einsatz im Oktober 1918, gegen einen starken italienisch-englischen Flottenverband vor Durazzo (Durrës) vor Albanien; erstmals war dabei auch die US Navy als neuer Gegner (mit U-Boot-Jägern) involviert: SM U 31 torpedierte am 2. Oktober 1918 den britischen Kreuzer HMS »Weymouth«, diesem wurde das Heck abgerissen. Es war der letzte Torpedo gewesen, den ein k.u.k. Kriegsschiff in einem Gefecht abfeuerte.

Im Oktober 1918 konnte Österreich-Ungarn den Krieg nicht mehr fortsetzen. Die Nationalitäten proklamierten nacheinander ihre Unabhängigkeit. Kaiser Karl I. teilte Kaiser Wilhelm II. mit, dass er um einen Waffenstillstand bitten müsse. Am 28. Oktober 1918 beschloss er, die Flotte dem neu ausgerufenen (neutralen) SHS-Staat der Slowenen, Kroaten und Serben zu übergeben, der später zu Jugoslawien wurde. Dieser Schritt hätte dem neuen Staat eine beeindruckende Seemacht verliehen. Dies lag jedoch nicht im Interesse der Entente, insbesondere nicht von Italien. Die Siegermächte bestanden darauf, die Flotte selbst zu entwaffnen und über die Verteilung der Schiffe zu entscheiden. Dies geschah abschließend im Friedensvertrag von Saint Germain, der am 10. September 1919 unterzeichnet wurde. Jugoslawien ging dabei bezüglich Kriegsschiffen de facto leer aus.

Die Versenkung des Schlachtschiffes »Viribus Unitis« im Hafen von Pola am 1. November 1918 durch italienische Kampfschwimmer war Teil dieser neuen Spannungen unter den Siegern. Sie erfolgte bereits nach dem Ende von Österreich-Ungarn als Seemacht, nachdem am Vorabend die rot-weiß-rote Kriegsflagge feierlich vom Flottenkommandanten Nikolaus (Miklós) Horthy eingeholt und das Schiff bereits der neuen Marine des SHS-Staates übergeben worden war. Die Flaggeneinholung im Stützpunkt Cattaro fand dann einen Tag später statt, am 1. November 1918. Die Seemacht Österreich war damit Geschichte: 1382–1918.

Anmerkung zu spezifisch österreichischen Marineausdrücken

Wohl weil das Wort »Ship« in der englischen Sprache weiblich ist, hat sich längst auch im deutschen Sprachraum durchgesetzt, Schiffsnamen grundsätzlich stets in der weiblichen Form zu halten, also *die* »Tirpitz« oder *die* »Prinz Eugen«. In der altösterreichischen Marinetradition wurden Schiffsnamen aber grundsätzlich dem tatsächlichen Geschlecht angepasst, also der »Prinz Eugen«, der »Tegetthoff«, aber die »Kaiserin Elisabeth«, die »Budapest«. Wie in der Kaiserlich-Deutschen Marine wurde, nach dem Vorbild der Royal Navy (»HMS« für »Her Majesty's Ship«), den Schiffsnamen ein »SMS« (für »Seiner Majestät Schiff«) vorangestellt. Sehr häufig wurde dabei in der Praxis aber der Schiffstyp stärker spezifiziert, wie zum Beispiel SM Panzerkreuzer »Sankt Georg«.

Zudem haben sich einige Bezeichnungen für Schiffstypen unterschiedlich etabliert, die aber im Text näher erläutert werden, wie »Torpedo-Rammkreuzer« (den Typ gab es in der Kaiserlichen Marine nicht) oder »Rapidkreuzer« (entspricht dem schnellen »Kleinen Kreuzer«). Dazu kommen zahlreiche selbsterklärende Ausdrücke, die z.T. leicht unterschiedlich waren, wie »Flaggenschiff« anstelle »Flaggschiff«, »Lancierapparate« für Torpedorohre, »Kamine« anstelle »Schornsteine«, der Molo statt die Mole etc. Ein besonderes Bonmot: der »Erste Offizier« hieß stets »Gesamtdetailoffizier«, kurz GDO.

Wichtig: Von der »k.u.k. Kriegsmarine« kann man ausschließlich erst ab dem Jahr 1867 (= Ausgleich mit Ungarn) sprechen, davor war es die »k.k. Kriegsmarine«. In der Praxis hielt sich das »k.k.« zum Teil bis 1889, auch in vielen amtlichen Dokumenten, umgekehrt ist aber niemals vor 1867 die Verwendung von »k.u.k.« als Präfix möglich.

Hinweise zu den nachfolgenden Tabellen und Listen

Die **Baudaten** für alle Schiffe, vom Schlachtschiff bis zum U-Boot, beziehen sich einheitlich auf **»Kiellegung/Stapellauf/Indienststellung«**, gefolgt von der Bauwerft in der gleichen Zeile. Danach folgen bei allen Einheiten die Angaben zum Verbleib des Schiffes.

Für alle 1914–18 relevanten Klassen werden die **technischen Daten in Tabellenform** beschrieben, konkret die Abmessungen, Verdrängung, Maschinenanlage, Bewaffnung, Panzerung und Besatzung. Grundsätzlich wird bei allen technischen Angaben eine Orientierung an den Originalangaben der k.u.k. Marine versucht, bei der Tonnage wird aber auf international übliche englische Tons (d.h. ts zu je 1016 kg) Bezug genommen. Die Verdrängung der Schiffe wurde in der k.u.k. Marine in metrischen Tonnen (t) angegeben, bezogen auf dampfklare Einheiten mit voller Munitionsausstattung und halben Vorräten. Bei der Artillerie bezeichnet die Zahl nach »L/« die Rohrlänge, die sich aus dem Kaliber mal dieser Zahl ergibt. Die Geschwindigkeit wird stets in Knoten angegeben (1 Knoten = 1,852 Kilometer pro Stunde), die Maschinenleistung in Pferdestärken. Trotzdem unterscheiden sich die Angaben in praktisch allen gängigen Standardwerken der Fachliteratur im Detail etwas voneinander. Der Autor möchte daher darauf hinweisen, dass man bei den technischen Angaben fast durchwegs von Richtwerten ausgehen muss, die aufgrund unterschiedlicher Berechnungsansätze auch in den Originalquellen voneinander abweichen, ohne deshalb in diesen Quellen jeweils wirklich falsch oder richtig zu sein.

Die **Ortsnamen und geographischen Begriffe** werden in der üblicherweise von der k.u.k. Kriegsmarine verwendeten Form angegeben, d.h. an der Küste meist in italienischer Schreibweise, aber immer wieder auch (z.T. in Klammern oder mit Schrägstrich) in anderen relevanten Sprachen der Doppelmonarchie.

Das 1911 fertiggestellte »Schwimmdock 1« im Konstruktionsarsenal (Werft) auf der Oliveninsel in Pola, mit einem darin eingedockten Dreadnought-Schlachtschiff der »Tegetthoff«-Klasse.

1. Schlachtschiffe

Als Schlachtschiffe werden ab Ende des 19. Jahrhunderts die gepanzerten Großkampfschiffe bezeichnet, die von der Grundidee her in einer Schlachtlinie, als quasi dem Rückgrat einer Flotte, gegen eine feindliche Schlachtlinie kämpfen sollten. Das auch wörtlich so in der englischen Sprache verwendete Wort »Battleship« setzte sich in der k.u.k. Marine gegenüber dem im deutschen Sprachraum lange üblichen »Linienschiff« um die Jahrhundertwende, d.h. sehr früh, durch, während diese Schiffe in der Kaiserlich-Deutschen Marine bis zum Ende des Ersten Weltkrieges weiter als Linienschiffe bezeichnet wurden. Zwei 1889 in Dienst genommene »Turmschiffe« stellten als Typ den Übergang zum modernen Schlachtschiff dar und werden hier ebenfalls kurz beschrieben. Die ersten drei Schlachtschiffe hießen in der k.u.k. Marine offiziell noch »Küstenverteidiger« (in Dienst 1897/98) und wurden erst später als Schlachtschiffe bezeichnet.

Österreich-Ungarn stellte von 1897 bis 1915 insgesamt 16 Schlachtschiffe in Dienst, zwölf Vor-Dreadnoughts und vier Dreadnoughts. Das Wort stammt vom 1906 vom Stapel gelaufenen englischen Schlachtschiff HMS »Dreadnought«, das als erstes Großkampfschiff ein einheitliches Kaliber in der Hauptartillerie besaß (»All-big-gun ship«) und viel größer war als alle Vorgänger-Klassen, die sie auch quasi entwertete. Hauptproblem der gemischten Kaliber der Hauptartillerie war stets die Unmöglichkeit gewesen, in der Praxis die Einschläge klar auseinanderzuhalten und auf dieser Basis das Feuer zu präzisieren.

Ganz kurz soll hier zum Thema Schlachtschiffe auch auf die Frage eingegangen werden, ob die k.u.k. Kriegsmarine die richtigen Schiffe gebaut hat bzw. überhaupt keine schweren Schlachtschiffe hätten bauen sollen, da sie ja im Krieg nur im Hafen verrosteten. In der Praxis muss man der Marineführung Österreich-Ungarns erstens zugutehalten, dass die Flottenrüstung in den Jahren vor dem Ersten Weltkrieg auf den seit 1882 bestehenden Dreibund mit Deutschland und Italien ausgerichtet war. Die Problematik ist aber zweitens auch politisch zu betrachten: Bei der Frage des tatsächlichen militärischen Nutzens der Großkampfschiffe im Ersten Weltkrieg darf man nämlich ihre Rolle als Mittel der äußeren und inneren Machtdemonstration im Frieden nicht völlig außer Acht lassen. Eine Großmacht vom Range Österreich-Ungarns hätte es sich gar nicht leisten können, als Küstenanrainer und mit dem Nachbarn Italien als Rivalen und zugleich Bundesgenossen, keine Dreadnoughts zu bauen, ohne de facto aus dieser Liga der Großmächte auszusteigen. Hätte Österreich-Ungarn, als kleinste unter den großen Seemächten, vor dem Kriege anstelle der Dreadnoughts nur schnelle Kreuzer, Torpedo- und Minenträger etc., im Sinne der Jeune École, gebaut, wäre dies nicht als besonders kluge Weitsicht, sondern als immense Schwäche Wiens gedeutet worden, die politisch mit erheblichen Nachteilen verbunden gewesen wäre.

Österreich musste also in der Zeit des maritimen Wettrüstens fast Dreadnoughts bauen, wenn es in der Liga der Großmächte weiter mitspielen wollte; und dafür waren gerade diese Schiffe, so wie sie gebaut wurden, d.h. mit beindruckend großer Feuerkraft, modern, aber dann doch auch sehr kostenbedacht, durchaus geeignet für ihre Zwecke. Auch ihre Reichweite war nicht besonders groß dimensioniert, als Einsatzgebiet waren stets nur küstennahe Gewässer des Mittelmeeres gedacht. Besonders die Kaiserliche Marine, inklusive Tirpitz persönlich, drängten die Marineführung in Österreich-Ungarn immer wieder zur Bevorzugung von Standfestigkeit vor Feuerkraft, dem Merkmal deutscher Großkampfschiffe dieser Zeit. Wien entschied sich bewusst anders und wollte die vergleichsweise sehr beschränkten Mittel lieber dazu verwenden, nach außen eine möglichst beindruckende Feuerkraft zu demonstrieren.

Man sollte jedenfalls die Entwürfe und Konstruktionen auch von dieser politischen Warte aus betrachten, nicht nur rein militärisch. Es waren interessante und z.T. sehr innovativ entworfene Schiffe und sie hatten eben auch eine spezifische österreichische Note. Österreich ist u.a. für seine Fähigkeit, ja fast Leidenschaft, zum Kompromiss bekannt, die Schlachtschiffe verkörpern ihn, mit allen ihren Schwächen und Stärken. Österreich war auch nie schüchtern: zeigen, was man hat und dabei vielleicht auch ein bisschen mehr scheinen als sein, das war dem Hause Österreich nie fremd; auch dieser Ansatz findet sich im österreichischen Schlachtschiffbau.

Schon die ersten drei Schlachtschiffe (Küstenverteidiger) der »Monarch«-Klasse, die 1897 vom Stapel liefen, waren mit einer Konstruktionsvorgabe von 5.500 t viel kleiner als vergleichbare Einheiten im Ausland. Man machte das Bestmögliche aus der Vorgabe und das konnte eben nur ein Kompromiss sein. Ebenso bei den nachfolgenden drei Schiffen der »Habsburg«-Klasse (Stapelläufe 1900–1902) mit 8.000 t als grundsätzlicher Konstruktionsvorgabe und den drei Schiffen der »Erzherzog-Klasse« (Stapelläufe 1903–1905) mit 10.000 t als Vorgabe. Ein deutlicher Qualitätssprung erfolgte mit den drei Semi-Dreadnoughts der »Radetzky«-Klasse (Stapelläufe 1908–1910) mit 15.000 t, aber gebaut zu einer Zeit, als international die Großmächte schon das Wettrüsten der echten Dreadnoughts begonnen hatten.

Vier moderne, vollwertige 20.000-t-Dreadnought-Schlachtschiffe der »Tegetthoff«-Klasse waren 1914 in Dienst oder kurz vor der Fertigstellung (Stapelläufe 1911–1914), auch bereits mit modernen Turbinenantrieben ausgestattet (die Konstruktionsvorgaben bezüglich Deplacement wurden immer etwas überschritten). Vier weitere 24.500-t-Schlachtschiffe einer neuen Klasse (»Ersatz Monarch«-Klasse; Stapelläufe geplant 1917–1919) waren bei Kriegsbeginn erst ansatzweise in Bau; sie konnten nicht mehr fertiggestellt werden.
Nicht näher eingegangen wird auf die im Krieg geplanten Projekte und Studien, wie die eines Schlachtkreuzers 1915, da es sich dabei um reine Papierprojekte und Ideen handelte, die niemals auch nur ansatzweise Aussicht auf eine tatsächliche Umsetzung hatten.
Alle diese nachfolgend behandelten 22 Einheiten (d.h. 16 fertiggestellte + 4 in Bau befindliche Schlachtschiffe + 2 Turmschiffe der Übergangszeit) in insgesamt acht verschiedenen Klassen wurden in Österreich-Ungarn entworfen und auch auf heimischen Werften gebaut.

1.1 Dreadnoughts

a. Ersatz-Monarch-Klasse (4 Schiffe; nur projektiert)

Projekt Schlachtschiff VIII
Kiellegung geplant 1914, Stapellauf 1917, STT Triest.
Projekt Schlachtschiff IX
Kiellegung geplant 1915, Stapellauf 1917, Danubius, Fiume.
Projekt Schlachtschiff X
Kiellegung geplant 1916, Stapellauf 1919, STT Triest.
Projekt Schlachtschiff XI
Kiellegung geplant 1916, Stapellauf 1919, Danubius, Fiume.

Anmerkungen: Geplant waren vier Einheiten, marineintern auch als 24.500-t-»Super Dreadnoughts« bezeichnet. Der Entwurf des Marinetechnischen Komitees Pola wurde 1914 genehmigt, Projektname war »Ersatz Monarch«-Klasse oder »verbesserte Tegetthoff«-Klasse. Die Pläne stammten von k.u.k. Generalschiffbauingenieur Franz Pitzinger, Nachfolger von Siegfried Popper, der für alle anderen k.u.k. Schlachtschiffskonstruktionen bis einschließlich »Monarch«-Klasse verantwortlich gewesen war. Merkmale: deutlich größer als die Vorgänger Klasse und Steigerung des Kalibers von 30,5 cm auf 35 cm, aber dabei dann aus Gewichtsgründen nur 10 statt 12 Geschützrohre; als Antrieb waren Dampfturbinen vorgesehen.
Geplant waren als Hauptartillerie zwei Škoda-Drillingstürme des Geschützes 35 cm L/45 Modell K15 am Hauptdeck, überhöht durch zwei Zwillingstürme. Zwei Schiffe sollten in der österreichischen Reichshälfte (STT Triest) gebaut werden, zwei in der ungarischen (Danubius Fiume). Die parlamentarische Genehmigung erfolgte im Mai 1914, erste Kiellegung war für Juli 1914 geplant, kam aber nicht mehr zustande. Die Indienststellungen waren zwischen Juni 1917 und Mai 1919 geplant.
Der Bau wurde bereits 1914 weitgehend und 1917 formal eingestellt, verbautes Material abgebrochen. Die schweren 35-cm-Geschütze waren noch vor formaler Genehmigung der Schiffsbauten auf Eigeninitiative der Škoda-Werke in Pilsen begonnen worden und wurden teilweise fertiggestellt (zwei funktionsfähige 35-cm-L/45-Einzelrohre; sie wurden 1916 an die Armee übergeben, z.T. Verwendung an der Landfront in Italien).

Namen: Unbekannt; Schiffsnamen wurden auch in der k.u.k. Marine strikt erst beim Stapellauf vergeben.

Eines der fertiggestellten Schiffsgeschütze Kaliber 35 cm L/45 K15 der »Ersatz Monarch«-Klasse im Einsatz bei der Armee. Es ist in einer sehr einfachen Behelfs-Lafette installiert und war in dieser Form nicht sehr effizient einsetzbar.

Technische Daten	**Ersatz-Monarch-Klasse** (4 Schiffe geplant)
Stapelläufe	geplant 1917–1919 (keiner tatsächlich erfolgt)
Abmessungen	
Länge	172 m (über alles: 173,2 m)
Breite	28,5 m
Tiefgang	8,4 m
Verdrängung	ca. 24.108 ts (Konstruktion)
Maschinenanlage	Vier Dampfturbinen, 15 Yarrow-Kessel, 2 Kamine
Maschinenleistung	31.000 PS, Höchstgeschwindigkeit 21 Knoten, 4 Wellen
Bewaffnung	10 x 35-cm-L/45 Škoda (zwei Drillings-, zwei Doppeltürme), 15 x 15-cm-L/50 Škoda (einzeln), 20 x 9-cm-L/50 Škoda (einzeln), 6 x Torpedorohre 53,3 cm (1 Bug, 1 Heck, 2 x 2 an den Seiten; alle unter Wasser)
Panzerung	Gürtel: 140–310 mm, Panzerdeck: 36–72 mm, Türme: 80–340 mm, Kasematten: 150 mm, Kommandoturm: 320 mm
Besatzung	1100 Mann

Skizze »Ersatz Monarch«-Klasse (von Prof. E. Sieche)

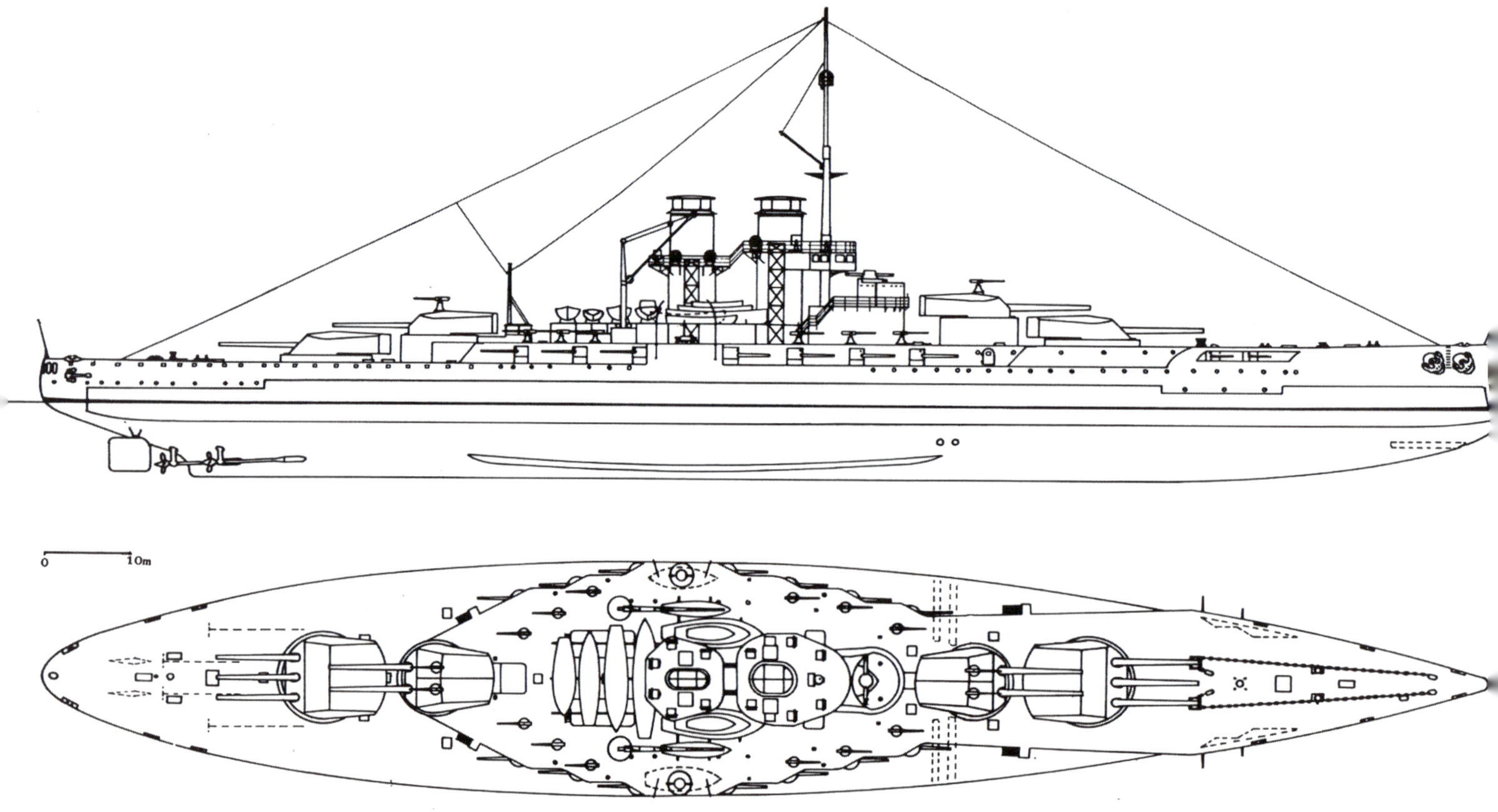

b. Tegetthoff-Klasse (4 Schiffe)

SMS Viribus Unitis
24.07.1910/24.06.1911/05.12.1912, STT Triest; am 01.11.1918 von italienischen Kampfschwimmern in der Bucht von Pola durch Haftsprengladungen versenkt, allerdings nach Einstellung der Kampfhandlungen, die k.u.k. Kriegsflagge war bereits am Vorabend niedergeholt und das Schiff formell dem in Entstehung begriffenen SHS-Staat (Jugoslawien) übergeben worden; die Hafensperre war nicht mehr bewacht.
SMS Tegetthoff
24.09.1910/21.03.1912/21.07.1913, STT Triest; im Friedensvertrag von St. Germain Italien zugesprochen und dort 1924/25 in La Spezia abgebrochen.
SMS Prinz Eugen
16.01.1912/30.11.1912/17.07.1914, STT Triest; im Friedensvertrag von St. Germain Frankreich zugesprochen und am 28.06.1922 südlich von Toulon als Zielschiff versenkt.
SMS Szent István
29.01.1912/15.01.1914/13.12.1915, Danubius, Fiume; am 11.6.1918 nahe der Insel Premuda (nordwestlich Zara/Zadar) vom italienischen Schnellboot MAS 15 durch zwei Torpedos getroffen und schnell gesunken.

Anmerkungen: Zur Zeit der in Bau befindlichen 15.000-t-Schlachtschiffe (»Radetzky«-Klasse) verkündete die Marine 1908 öffentlich den Bau von vier neuen 20.000-t-Schlachtschiffen (die Begrenzung wurde zumindest auf dem Papier weitgehend eingehalten). Es war damit die erste Klasse von vollwertigen Dreadnought-Schlachtschiffen der k.u.k. Marine und die erste mit Dampfturbinenantrieb. Die parlamentarische Genehmigung für die ersten beiden Schiffe sollte 1910 erfolgen, kam aber formell erst 1911.
Die ersten fünf Projektentwürfe von STT umfassten jeweils acht bis zehn Geschütze Kaliber 30,5 cm als Hauptartillerie. Nach dem Studium zahlreicher weiterer Entwürfe durch das Marinetechnische Komitee entschied man sich 1909 für eine schiffbaulich äußerst innovative Konstruktion mit sehr zukunftsweisender Anordnung der schweren Artillerie, die natürlich im Sinne der Dreadnought-Idee nur mehr ein Kaliber hatte (30,5 cm). Trotz z.T. berechtigter Kritik kann die Konstruktion im Prinzip als gelungen und für die politischen Zwecke Österreich-Ungarns (d.h. als europäische Großmacht) zweckmäßig und sinnvoll gelten.
Die schwere Artillerie bestand aus zwölf 30,5-cm-L/45-Škoda Geschützen Modell K10 in vier Drillingstürmen (weltweit erstmals), jeweils in überhöhter Aufstellung am Vor- und Achterschiff. Das sehr vernünftige Prinzip der überhöhten, zentralen Aufstellung war zuvor erstmals bei den US-Schlachtschiffen der »South Carolina«-Klasse angewendet worden, allerdings nur in Form von Doppeltürmen. Es setzte sich international bald durch. Die Schiffe der »Tegetthoff«-Klasse hatten damit sehr viel artilleristische Feuerkraft für ihr Deplacement, entsprechend schwach ausgeprägt war aber die Standfestigkeit, ganz besonders der Unterwasserschutz als die große Achillesferse der Klasse. Der Grund dafür war aber kein Konstruktionsfehler, sondern die bewusste Limitierung der Gesamtgröße der Schiffe als zwingende Vorgabe, in erster Linie aus Kostengründen und der daraus resultierende schiffbauliche Kompromiss.
Artilleristisch waren die in Pilsen gefertigten, vollelektrisch

Technische Daten	Tegetthoff-Klasse (4 Schiffe)
Stapelläufe	1911–1914
Abmessungen	
Länge	151 m (über alles: 152,2 m)
Breite	27,3 m
Tiefgang	8,6 m
Verdrängung	19.698 ts (Konstruktion), 21.254 ts (maximal)
Maschinenanlage	Vier Parsons-Dampfturbinen (Szent István: Zwei AEG-Curtis-Dampfturbinen), 12 Yarrow-Kessel (Szent István: 12 Babcock & Wilcox-Kessel), 2 Kamine
Maschinenleistung	27.000 PS, Höchstgeschwindigkeit 20,4 Knoten, 4 Wellen (»Szent István« nur 2)
Bewaffnung	12 × 30,5-cm-L/45 Škoda (vier Drillingstürme), 12 × 15-cm-L/50 Škoda (einzeln), 18 × 7-cm-L/50 Škoda zur Torpedoboot-Abwehr, ab 1914 zusätzliche Flak 7-cm-L/50 Škoda (z.T. anstelle 7-cm-L/45 Škoda), 4 x Torpedorohre 53,3 cm (1 Bug, 1 Heck, 2 an den Seiten; alle unter Wasser)
Panzerung	Gürtel: 110–280 mm, Zitadelle: 180–200 mm, Panzerdeck: 48 mm, Türme: 60–280 mm, Barbetten: 280 mm, Kasematten: 100–180 mm, Kommandoturm: 250–356 mm
Besatzung	1.090 Mann

Stapellauf des offiziellen Typschiffs der Klasse, SMS »Tegetthoff«, in Triest am 21. März 1912, benannt nach dem siegreichen Admiral von Lissa 1866, Wilhelm von Tegetthoff. Der weiße Werftanstrich war als Korrosionsschutz aufgetragen und diente nur der Grundierung für den späteren dunklen, olivgrünen Anstrich.

Backbord-Ansicht der »Viribus Unitis«, benannt nach dem lateinischen Wahlspruch des Kaisers. Das Schiff ist bereits im dunklen Olivgrün gestrichen (»Montecuccoligrün«).

betriebenen Drillingstürme mit zwölf 30,5-cm-Geschützen weltweit noch einzigartig. Auch ihre Konstruktion beruhte nicht zuletzt auf den rigiden Gewichtsvorgaben, die immer wie ein Damoklesschwert über der k.u.k. Kriegsmarine schwebten. Gleichzeitig waren sie der maritimen Rivalität mit der italienischen Regia Marina geschuldet, wo ebenfalls ein Schlachtschiff, »Dante Alighieri«, mit 30,5-cm-Drillingstürmen in Bau war (aufgestellt allerdings durchwegs nur auf Ebene Hauptdeck). Zwar hatten die Italiener vor Beginn der Arbeiten an der »Tegetthoff«-Klasse mit dem Bau von »Dante

SMS »Tegetthoff«, bereits mit 7-cm-Flak auf den Drillingstürmen. Man beachte die Installationen für die Torpedonetze am Schiffsrumpf.

Allghieri« begonnen, aber die »Viribus Unitis« wurde schneller fertiggestellt und durfte sich daher rühmen, weltweit das erste Schlachtschiff mit der Hauptartillerie in Drillingstürmen zu sein. Das Konzept der schweren Drillingstürme setzte sich später in sehr vielen großen Marinen durch. Als Mittelartillerie wurden zwölf Škoda-K10-Geschütze mit Kaliber 15 cm in Kasematten verwendet, dazu ursprünglich 18 x 7-cm-Škoda-K10-Geschütze zur Torpedoboots-Abwehr. Ab 1914 erhielten die Schiffe zusätzliche 7-cm-L/50-Flak (»Ballonabwehrgeschütze«) auf den Turmdecken der schweren Artillerie. Als weitere Bewaffnung hatten sie vier Torpedorohre Kaliber 53,3 cm (mit 14 Torpedos an Bord) und ein kleines Minendepot (für 20 Minen).

Die Schiffe können auch als besonders prägnantes Beispiel des ewigen Kampfes um Budgetmittel zur Bewilligung für Neubauten in der Doppelmonarchie gelten, mit kafkaesken Zügen. Stabilimento Tecnico Triestino (STT), die einzige Werft, die technisch und personell zum Bau von solchen modernen Großkampfschiffen ausgestattet war, wartete um die Jahreswende 1910/1911 dringend auf die schon fix eingeplanten Aufträge für zwei Schlachtschiffe der »Tegetthoff«-Klasse und drohte mit der notwendig werdenden Entlassung von Fachkräften. Der politische Genehmigungsprozess brauchte aber (aus völlig anderen, politische Gründen) noch unabsehbare Zeit, d.h. um die Geldmittel tatsächlich freigeben zu können (sie waren schließlich im Militärbudget 1910 dann gar nicht enthalten). Marinekommandant Admiral Montecuccoli beschloss daraufhin, die beiden Schiffe auf eigene Rechnung (!) zu bestellen. Der Plan ging auf, im Hintergrund natürlich gedeckt durch die großen Rüstungsfirmen STT, Škoda und Witkowitz.

SM Schlachtschiff »Prinz Eugen« in hoher Fahrt, wahrscheinlich bei den Probefahrten aufgenommen. Die Flak auf den Geschütztürmen fehlt hier noch.

Aber auch hier zeigt sich nochmals die von ewigen Kompromissen gelähmte Rüstungspolitik der Doppelmonarchie.
Und als politische Voraussetzung für die Zustimmung Ungarns musste eines der vier Schiffe in der ungarischen Reichshälfte gebaut werden, auf der Danubius-Werft in Fiume. Diese Forderung war durchaus problematisch, da die dafür nötige Werftinfrastruktur dort nicht vorhanden war. Diese musste ab 1911 erst kostenintensiv aufgebaut werden, auch mittels hoher staatlicher Förderungen.
Der in Fiume gebaute »Szent István« unterschied sich schon äußerlich als einziges Schiff der Klasse mit den für ihn charakteristischen Aufsätzen auf den Kaminen. Der Bau verlief langsam, die Marineführung beschwerte sich auch über Qualitätsprobleme, die Abnahme erfolgte nur unter Vorbehalt. »Szent István« weist einige weitere Besonderheiten auf: so hatte er als einziges Schiff keine Torpedonetze (die wurden aber auch bei den anderen 1917 als unzweckmäßig wieder entfernt) und erhielt als einziges bei Indienststellung nicht mehr den olivgrünen, sondern von Anfang an nur den hellgrauen Anstrich. Auch die Schiffsbaubleche und große Teile der Schiffsausrüstung wurden über ungarische Industriebetriebe bestellt, nur die Geschütze kamen unverändert von Škoda und die Panzerstahlplatten von der Witkowitzer Bergbau- und Hüttengesellschaft.
Noch deutlicher zeigten sich aber die Unterschiede zwischen den drei in Triest gebauten Schiffen und dem in Fiume bei den Antrieben, da letztere ausschließlich über die Mutterfirma von Ganz Danubius in Budapest bestellt wurden, die andere Lieferanten hatte. »Szent István« hatte nur zwei Wellen auf Basis von zwei AEG-Curtis-Turbinen-Dampfturbinen, während die anderen jeweils vier Wellen auf Basis von vier Parsons-Dampfturbinen hatten. Auch die Aufteilung der Maschinenanlagen war recht unterschiedlich. Sie waren nur gemeinsam grundsätzlich für eine Gesamtleistung von 27.000 PS berechnet, um eine maximale Geschwindigkeit von 20 Knoten zu erreichen (die Probefahrtergebnisse von »Szent István« sind in den Archiven leider nicht erhalten geblieben; »Viribus Unitis« erreichte 20,4, »Tegetthoff« 20,31 und »Prinz Eugen« 20,41 Knoten). Jedes Schiff hatte voll ausgerüstet ca. 1.870 t Kohle und zusätzlich bis zu 267 t Heizöl an Bord, das auf die Kohle gesprüht wurde, um deren Verbrennungsrate zu erhöhen. Die Schiffe waren auf 4.200 Seemeilen Reichweite bei einer Geschwindigkeit von 10 Knoten ausgelegt (oder 3.500 Seemeilen bei 14 Knoten). Der offizielle Besatzungsstand war ursprünglich mit 31 Offizieren und 1.056 Mannschaften berechnet.
An der Wasserlinie hatten sie einen bis zu 280 mm dicken Panzergürtel (auf 80 mm Teakholz und 18 mm Blech; das Teakholz diente der besseren Abfederung) im zentralen Mittschiffsbereich, in dem sich Munitionsmagazine, Maschinenräume und andere kritische Bereiche des Schiffes befanden. Dieser Panzerungsgürtel befand sich zwischen den Mittelpunkten der vorderen und hinteren Barbetten und wurde zum Bug und Heck hin dünner, bis zu 150 mm. Der obere Panzergürtel hatte eine maximale Dicke von 180 mm, wurde jedoch auch von der vorderen Barbette bis zum Bug hin dünner. Die Kasematten-Panzerung war ebenfalls 180 Millimeter dick. Die Hauptbatterietürme waren besonders stark

SM Schlachtschiff »Szent István«, Backbord-Seitenansicht mit angetretener Besatzung. Man beachte die charakteristischen Kaminaufsätze, die nur dieses Schiff der Klasse hatte.

Der 30,5-cm-Škoda-Drillingsturm achtern auf SMS »Prinz Eugen«. Die Fahne ist auf Halbmast (aufgenommen nach Ermordung des Thronfolgers im Juni 1914).

Die beiden vorderen, überhöht aufgestellten 30,5-cm-Türme auf »Prinz Eugen«, von der Brücke aus gesehen. Die Schiffe der »Tegetthoff«-Klasse waren die ersten Schlachtschiffe der Welt mit Drillingstürmen.

gepanzert. Die Dicke der Panzerdecks lag in zwei Schichten zwischen 30 und 48 mm. Das Unterwasserschutzsystem bestand aus der Verlängerung des Doppelbodens nach oben bis zur Unterkante des Wasserlinien-Panzerungsgürtels, wobei eine dünne 10-mm-Platte als äußerste Trennwand fungierte. Es wurde von einem Torpedoschott gestützt, der aus zwei 25-mm-Platten bestand. Die Gesamtdicke dieses Systems zur Absorbierung eines Torpedotreffers oder einer Mine betrug nur 1,60 m und war damit stark unterdimensioniert, was berechtigter Weise als Hauptkritikpunkt an dieser Klasse gelten muss.

Während der fortgeschrittenen Bauarbeiten wurde die Genehmigung zur Erhöhung der Panzerung der schweren Geschütztürme von 280 auf bis zu 305 mm erteilt, die des Kommandoturms von 250 auf stellenweise bis zu 356 mm, aber offenbar nicht umgesetzt. Dadurch wäre das Deplacement gegenüber den ursprünglichen Bauplänen nochmals um einige Hundert Tonnen erhöht worden (was auch für immer wieder verschiedene Größenangaben mitverantwortlich sein dürfte).

1911 wurde im Zentralkriegshafen Pola für die Klasse ein 22.000-t-»Schwimmdock« fertiggestellt.

Die erste Indienststellung erfolgte im Dezember 1912. Der einzige Auslandbesuch in der aktiven Dienstzeit führte SMS »Viribus Unitis« und »Tegetthoff« im Mai 1914 in den englischen Flottenstützpunkt Malta. Als Typschiff der Klasse wurde »Tegetthoff« bestimmt, obwohl es baulich das zweite Schiff der Klasse war.

Namen: Zwei Schiffe sind nach österreichischen Militärführern benannt, »Tegetthoff« und »Prinz Eugen«. Für das erste Schiff behielt sich Kaiser Franz Joseph die persönliche Auswahl vor und wählte als Namen seinen lateinischen Leitspruch »Viribus Unitis« (»Mit vereinten Kräften«). Für das vierte Schiff bestand Ungarn auf dem Namen »Szent István«, d.h. »Heiliger Stephan«, Schutzpatron Ungarns.

Erster Weltkrieg: Die vier Einheiten waren die modernsten der fertiggestellten österreichisch-ungarischen Schlachtschiffe und bildeten die 1. Division der Schlachtflotte in Pola (erste und einzige Division mit vier statt drei Schiffen). Sie verbrachten dort untätig den Großteil ihrer Kriegszeit an den Bojen. SMS »Viribus Unitis« war Flottenflaggschiff 1914–1918. »Viribus Unitis«, »Tegetthoff« und »Prinz Eugen« beteiligten sich im Mai 1915 an der Beschießung von Ancona nach Italiens Kriegserklärung, »Szent István« war zu dem Zeitpunkt noch nicht fertiggestellt.

Bei der Versenkung des »Szent István« im Juni 1918 kamen 89 Mann ums Leben; sie wurde in zwei Filmen dokumentiert, die in der Nachkriegszeit (zusammengeschnitten) in zahlreichen Kinofilmen symbolisch für Schiffsversenkungen gezeigt wurden. Bei der Versenkung von »Viribus Unitis« am Allerheiligentag 1918 starben ca. 400 Seeleute.

Der Stolz der k.u.k. Kriegsmarine: Die (nun alle hellgrau gestrichenen) Schiffe der 1. Schlachtschiffdivision, vertäut an ihren verankerten Bojen in Pola. Die Schiffe schwoiten in der Bucht, d.h. sie konnten sich durch Änderungen der Windrichtung oder der Strömung innerhalb eines Kreisbogens um ihre Boje drehen. Im Vordergrund SMS »Szent István«. Die Schiffe verbrachten den Großteil ihrer Dienstzeit im Ersten Weltkrieg untätig in Pola, wie auch die älteren Schlachtschiffe.

Der Untergang des Schlachtschiffes »Szent István« am 10. Juni 1918 vor Premuda wurde in zwei Filmen festgehalten, die nach dem Krieg auch in Kinos große Verbreitung fanden.

Abfeuern der vorderen 30,5-cm-Škoda-Geschütze auf SMS »Prinz Eugen«.

Das einzige Foto vom Untergang von ex-SMS »Viribus Unitis« am 1. November 1918.

1.2. Vor-Dreadnoughts

a. Radetzky-Klasse (3 Schiffe)

SMS Erzherzog Franz Ferdinand
12.09.1907/30.09.1908/05.06.1910, STT Triest; im Friedensvertrag von St. Germain Italien zugesprochen und dort 1926 abgebrochen.
SMS Radetzky
26.11.1907/03.07.1909/15.01.1911, STT Triest; im Friedensvertrag von St. Germain Italien zugesprochen und dort 1920/21 abgebrochen.
SMS Zrínyi
15.11.1908/12.04.1910/15.09.1911, STT Triest; im Friedensvertrag von St. Germain Italien zugesprochen und dort 1920/21 abgebrochen.

Anmerkungen: Es waren die letzten »Vor-Dreadnoughts« der k.u.k. Marine, z.T. in der Literatur auch »Semi-Dreadnoughts« genannt, aufgrund der Größe und da die schwere Artillerie bereits das Kaliber 30,5 cm beinhaltete. Als das erste Schiff (SMS »Erzherzog Franz Ferdinand«) am 12. September 1907 vom Stapel lief, war die am 02. Februar 1906 zu Wasser gelassene HMS »Dreadnought« bereits für die Royal Navy in Dienst gestellt und bei der Flotte. Die Konstruktion der »Radetzky«-Klasse basierte ebenfalls, wie bei nachfolgenden Dreadnoughts, auf strikter Vorgabe einer Gewichtsbeschränkung aus Kostengründen (15.000 t). Im Verhältnis zur Tonnage war sehr umfangreiche Artilleriebewaffnung vorhanden, mit entsprechenden Abstrichen bei Standfestigkeit, Reichweite etc.

Der erste Entwurf für die Klasse hatte vier 28-cm-Geschütze in zwei Doppeltürmen vorgesehen, dazu 4 x 24 cm in Einzeltürmen und 8 x 19 cm in Kasematten, also eine ganz besondere Kalibervielfalt. Der zweite Entwurf hatte ebenfalls Kaliber 28 cm und 24 cm gemischt, dazu aber nur leichte 10 cm anstelle der 15-cm-Mittelartillerie. Der dritte Entwurf ging dann in Richtung Dreadnought und enthielt eine einheitliche Hauptartillerie, wenn auch nur Kaliber 28 cm, nämlich vier Zwillingstürme, einer am Vorschiff, einer am Heck und zwei an den Seiten; auf die 15-cm-Mittelartillerie wurde verzichtet, dafür wurden 16 x 10-cm-Geschütze zur Abwehr von Torpedobooten eingeplant. Der vierte Entwurf ersetzte die 8 x 28-cm-Geschütze durch 6 x 30,5-cm-Geschütze, aufgestellt in zwei Doppeltürmen und zwei Einzeltürmen; die 10-cm-Kanonen blieben gleich.

Der schließlich ausgeführte Entwurf blieb beim Kaliber 30,5 cm und führte die schwere Artillerie in gemischter Sexagonal-Aufstellung. Die Schiffe hatten dabei 4 x 30,5 cm in zwei Zwillingstürmen L/45 Modell K10 von Škoda, dazu aber auch noch 8 x 19-cm-G L/45-Škoda-Geschütze in vier Doppeltürmen an den Seiten plus und zwanzig 10-cm-L/50-K10 in Kasematten, ein neues Modell von Škoda.

Siegfried Popper, der Chefkonstrukteur im Marinetechnischen Komitee, hätte den Bau eines Schiffes mit einheitlichem Hauptkaliber bevorzugt, es war aber wieder die Größe, an der die Umsetzung scheiterte. Dazu kam nun ein weiteres großes praktisches Problem: die heimischen Dockanlagen konnten nur Schiffe bis maximal 16.000 t aufnehmen, diese

Technische Daten	Radetzky-Klasse (3 Schiffe)
Stapelläufe	1908–1910
Abmessungen	
Länge	137,45 m (über alles: 138,8 m)
Breite	24,6 m
Tiefgang	8,1 m
Verdrängung	14.280 ts (Konstruktion), 15.596 ts (maximal)
Maschinenanlage	Zwei stehende 4-Zylinder-3-fach-Expansions-Dampfmaschinen,12 Yarrow-Wasserrohrkessel, 2 Kamine
Maschinenleistung	19.800 PS, Höchstgeschwindigkeit 20,5 Knoten, 2 Wellen
Bewaffnung	4 x 30,5-cm-L/45 Škoda (zwei Doppeltürme), 8 x 24-cm-L/45 Škoda (vier Doppeltürme), 20 × 10-cm-L/50 Škoda, 6 × 7-cm-L/45, 6 x 4,7-cm-L/44-Schnellfeuerkanonen zur Torpedoboot-Abwehr; im Krieg noch 2 x 7-cm-L/50-Flak Škoda (anstelle 7-cm-L/45 Škoda), 3 × Torpedorohre 45 cm (2 an den Seiten, 1 Heck; alle unter Wasser)
Panzerung	Gürtel 100–230 mm, Panzerdeck 48 mm, Türme 250 mm, Kasematten 120 mm, Kommandoturm 250 mm
Besatzung	890 Mann

SMS »Radetzky«, olivgrün gestrichen, das offizielle Typschiff der Klasse. Die Schiffe hatten nur zwei Kamine.

Begrenzung musste unbedingt eingehalten werden. (Für die nachfolgende »Tegetthoff«-Klasse mussten dann auch entsprechende Dockkapazitäten neu gebaut werden, nachdem der Bau von Dreadnoughts staatspolitisch unausweichlich geworden war).
Die Schiffe hatten einen Panzergürtel mit einer Stärke bis zu 230 mm im mittleren Teil des Schiffes, wo sich die wichtigsten Einrichtungen befanden. Vorne und achtern an den Barbetten wurde der Panzergürtel auf 100 mm reduziert. Eine 54 mm dicke Torpedoschottwand verlief über die gesamte Länge des Rumpfes und bot eine zweite Unterwasserschutzschicht, falls der Hauptgürtel durchdrungen werden sollte. Das Panzerdeck hatte eine 48-mm-Panzerung, z.T. in zwei Schichten. Die Hauptartillerietürme waren stark gepanzert, an Seiten und Stirnseiten 250 mm dick, während ihre Decken eine 60-mm-Panzerung aufwiesen. Die Geschütztürme für die 24-cm-Geschütze hatten eine Panzerung bis zu 200 mm. Der Kommandoturm hatte 250 mm dicke Seiten und eine 100 mm dicke Decke.

Die Schiffe der Klasse galten insgesamt als konstruktiv gut gelungen. Ihre Kampfkraft war gegenüber der Vorgänger-Klasse insgesamt deutlich höher, das gemischte Kaliber der Hauptartillerie zu diesem Zeitpunkt aber schiffbaulich bereits überholt.
SMS »Radetzky« vertrat 1912 die k.u.k. Marine bei der Krönungs-Flottenparade in Spithead (und fiel dort durch den ungewöhnlichen olivgrünen Anstrich besonders auf).

Namen: Das erste Schiff der Klasse war nach dem marinebegeisterten Thronfolger Erzherzog Franz Ferdinand benannt, der auch als großer Förderer der Marine galt. Wegen Verwechslungsgefahr mit den Schlachtschiffen der sogenannten »Erzherzog«-Klasse wurde dann aber SMS »Radetzky« als Typschiff der Klasse festgelegt. Josef Wenzel Radetzky und Nikolaus (Miklós) Zrínyi waren Heerführer im Dienste Österreichs gewesen.

Erster Weltkrieg: Die drei Schiffe bildeten die 2. Division

Semi-Dreadnought »Erzherzog Franz Ferdinand« auf See.

Schlachtschiff »Zrínyi« an der dalmatinischen Küste. Das Schiff war nach dem ungarisch-kroatischen Feldherrn Nicolaus Zrinyi (1508–1566) benannt, Sieger gegen die Türken 1563.

SMS »Zrínyi«, stark qualmend aus dem zweiten Kamin.

Der vordere 30,5-cm-Doppelturm von Škoda auf SMS »Zrínyi«, von der unteren Aussichtsplattform am Vordermast aus fotografiert.

der Schlachtflotte in Pola und verbrachten dort untätig den Großteil ihrer Kriegszeit. SMS »Radetzky« schaltete mit seiner schweren Artillerie im Oktober 1914 erfolgreich die französischen Batterien am Bergmassiv Lovcen in Montenegro aus, die für den Stützpunktbereich Cattaro ein permanentes Ärgernis dargestellt hatten.

Nach dem Waffenstillstand 1918 wurden »Radetzky« und »Zrínyi«, offenbar unter der Fahne Jugoslawiens, in einer Art Coup nach Split (Spalato) verlegt (als sich auf See italienische Kriegsschiffe näherten, wurde die amerikanische Flagge gesetzt). In Split (Bucht von Sette Castelli/ Kastelanski zaljev) wurden »Zrínyi« und »Radetzky« praktisch von der US Navy interniert (zusammen mit den k.u.k. Torpedobooten Tb 12 und Tb 52). »Zrínyi« wurde dabei am 22. November 1918 als USS »Zrinyi« mit einer kleinen Rumpfbesatzung formal sogar als US-Kriegsschiff in Dienst gestellt, erst am 07. November 1919 wieder außer Dienst. Das Schwesterschiff »Radetzky«, das unter gleichen Voraussetzungen und in derselben Bucht nördlich von Split unter US-Aufsicht ankerte, wurde dagegen nicht für die US-Navy in Dienst gestellt. Im Friedensvertrag von St. Germain wurden alle drei Schiffe der Klasse Italien zugesprochen. Von den USA wurden sie, auf hoher See vor der Dreimeilenzone im Schlepp, an Italien übergeben und alle drei dort in den 1920-er Jahren abgebrochen; »Erzherzog Franz Ferdinand« erst sehr spät, nämlich im Jahr 1926.

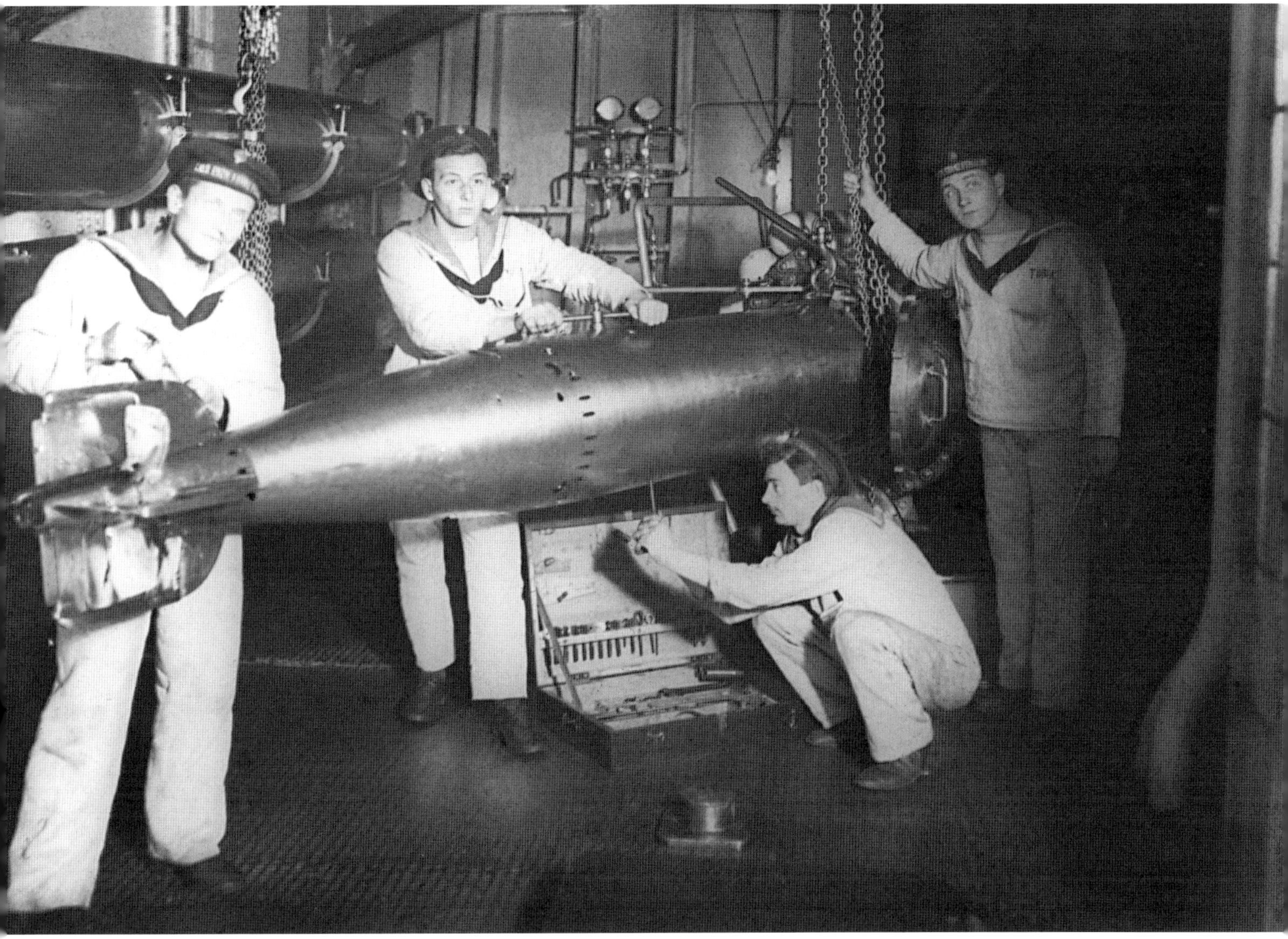

Seitliches Unterwasser-Torpedorohr auf SM Schlachtschiff »Erzherzog Franz Ferdinand«.

7-cm-Luftabwehrgeschütz auf SMS »Zrínyi«.

Die schwere Mittelartillerie Kaliber 24 cm auf SMS »Erzherzog Franz Ferdinand«, feuernd.

b. Erzherzog Karl-Klasse (3 Schiffe)

SMS Erzherzog Karl
27.04.1902/04.10.1903/17.06.1906, STT Triest; in St. Germain Frankreich zugesprochen; in die Lagune von Bizerta (Tunesien) geschleppt und dort 1921 bei Schlechtwetter im seichten Wasser gesunken; danach vor Ort abgebrochen.
SMS Erzherzog Friedrich
04.10.1902/30.04.1904/31.01.1907, STT Triest; in St. Germain Frankreich zugesprochen und in den 1920-er Jahren nach Italien zum Abbruch verkauft.
SMS Erzherzog Ferdinand Max
09.03.1904/21.05.1905/21.12.1907, STT Triest; in St. Germain England zugesprochen und in den 1920-er Jahren in Italien abgebrochen.

Anmerkungen: Schiffbaulich mit ca. 10.000 t für ihre Zeit relativ kleine Vor-Dreadnoughts im internationalen Vergleich, wieder mit einem klaren Tonnagelimit als strikte Bauvorgabe. Zum Zeitpunkt der Indienststellung waren die Schiffe schon überholt, die Royal Navy stellte 1906 der Welt die HMS »Dreadnought« vor, d.h. im Jahr der Indienststellung des Typschiffs der Klasse.
Die schwere Artillerie bestand aus zwei doppelten Drehtürmen Kaliber 24 cm, die Mittelartillerie aus zwölf einzelnen 19-cm-Geschützen, acht davon in Kasematten-Aufstellung und vier darüber in Einzeltürmen an Deck. Die 24-cm-G L/42-K01-Škoda-Geschütze der schweren Artillerie waren eine österreichische Version des bewährten 24-cm-Krupp-C/94-Geschützes, ein in Pilsen gefertigtes Modell, das schon beim letzten Schiff der »Habsburg«-Klasse zum Einsatz gekommen war.
Die 19-cm-G L/42 kamen ebenfalls von den Škoda-Werken in Pilsen, 1903 erstmals vorgestellt und für diese Klasse konstruiert, stark basierend auf Krupp-Technik; das Modell wurde auch auf dem Panzerkreuzer »Sankt Georg« verwendet. Dazu kamen zwölf 7-cm-L/45 Škoda und, wie damals noch üblich, eine große Zahl von 4,7-cm-L/44-Schnellfeuerkanonen, die bei Škoda gefertigt wurden und 4,7-cm-L/33 sowie 3,7-cm-L/33-Schnellfeuerkanonen System Hotchkiss zur Torpedoboot-Abwehr, mit fünf nach dem Revolverprinzip rotierenden Rohren. (Škoda hatte 1890 die Lizenzrechte zum Nachbau von Hotchkiss-Modellen erworben und konstruierte auf dieser Basis ein mehr oder weniger neues 4,7-cm-L/44-Modell, das sehr erfolgreich war).
Die Gürtelpanzerung betrug bis zu 210 mm, die Deckpanzerung bis 55 mm, Kasematten 150 mm. Die Hauptartillerietürme waren stark gepanzert, bis zu 240 mm, der Kommandoturm hatte 220-mm-Panzerung.

Namen: Benannt nach Erzherzögen aus dem Hause Habsburg mit Bezug zur Marine: Friedrich und Ferdinand Max waren zudem auch ehemalige österreichische Marinekommandanten, Karl zwar ein Heerführer (gegen Napoleon), trug aber als erster Habsburger ab 1801 zumindest zeitweise den Titel »Kriegs- und Marineminister«.

Technische Daten	Erzherzog Karl-Klasse (3 Schiffe)
Stapelläufe	1903–1905
Abmessungen	
Länge	124,35 m (über alles: 126,4 m)
Breite	21,7 m
Tiefgang	7,5 m
Verdrängung	10.471 ts (Konstruktion), 11.596 ts (maximal)
Maschinenanlage	Zwei stehende 4-Zylinder-Dreifach-Expansions-Dampfmaschinen, 12 Yarrow Wasserrohrkessel; 3 Kamine
Maschinenleistung	18.000 PS, Höchstgeschwindigkeit 20,5 Knoten, 2 Wellen
Bewaffnung	4 × 24-cm-L/40 Škoda (zwei Doppeltürme), 12 × 19-cm-L/42 Škoda (einzeln), 12 × 7-cm-L/45 Škoda, 4 x 4,7-cm-L/44 und 2 x 4,7-cm-L/33 und 4 x 3,7-cm-L/33-Schnellfeuerkanonen zur Torpedoboot-Abwehr; im Krieg 2 x 7-cm-L/50-Flak Škoda, 2 x Torpedorohre 45 cm (an den Seiten; unter Wasser)
Panzerung	Gürtel 210 mm, Panzerdeck 55 mm, Türme 150–240 mm, Kasematten 150 mm, Kommandoturm 220 mm
Besatzung	740 Mann

Erster Weltkrieg: Die Schiffe bildeten die 3. Division der Schlachtflotte in Pola, sie verbrachten dort den Großteil ihrer Zeit untätig an den Bojen, ab Frühjahr 1918 lagen sie in der Bocce di Cattaro. Sie überstanden den Krieg ohne größere Schäden.

»SMS Erzherzog Friedrich«, hier olivgrün.

Die schwere Artillerie der Schiffe bestand aus 4 x 24-cm-L/40 Škoda in zwei Doppeltürmen. Hier der vordere Doppelturm auf SM Schlachtschiff »Erzherzog Karl«.

SM Schlachtschiff »Erzherzog Karl« mit drei Kaminen, mit Sonnensegel über Mittel- und Achterschiff und olivgrünem Anstrich.

SMS »Erzherzog Ferdinand Max«, benannt nach dem jüngeren Bruder von Kaiser Franz Joseph und späteren Kaiser von Mexiko.

SMS »Erzherzog Ferdinand Max« über Backbord fotografiert, im hellgrauem Anstrich.

24-cm-Doppelturm auf SM Schlachtschiff »Erzherzog Karl« achtern.

c. Habsburg-Klasse (3 Schiffe)

SMS Habsburg
13.3.1899/09.09.1900/31.12.1902, STT Triest; in St. Germain England zugesprochen und in den 1920-er Jahren nach Italien zum Abbruch verkauft.
SMS Árpád
10.06.1899/11.09.1901/15.06.1903, STT Triest; in St. Germain England zugesprochen und in den 1920-er Jahren nach Italien zum Abbruch verkauft.
SMS Babenberg
19.01.1901/04.10.1902/15.04.1904, STT Triest; in St. Germain England zugesprochen und in den 1920-er Jahren nach Italien zum Abbruch verkauft.

Anmerkungen: Auch hier war ein striktes Tonnagelimit vorgegeben (8.000 t), ein Umstand der sich wie ein roter Faden durch alle k.u.k. Schlachtschiffskonstruktionen zieht.
Augenfällig und insgesamt sehr unsinnig erscheint dabei, dass die Hauptartillerie zwecks Gewichtsreduzierung nicht aus zwei Doppeltürmen Kaliber 24-cm-L/40 bestand, sondern achtern nur ein Einzelturm dieses Geschützes eingesetzt wurde. Verwendet wurde das Modell Typ C97 von Krupp auf den ersten beiden Schiffen, während »Babenberg« bereits ein von den Škoda-Werken gefertigtes Modell erhielt (K01). Die Einheiten der »Habsburg«-Klasse waren damit die letzten k.u.k. Schlachtschiffe, bei denen die schwere Artillerie noch großteils von den Krupp-Werken in Essen kam, ab der »Erzherzog«-Klasse kam sie zur Gänze aus heimischer Fertigung der Škoda-Werke in Böhmen.
Auf starke Mittelartillerie wurde bei dieser Klasse besonderer Wert gelegt, ein mitentscheidender Grund, warum man die Reduzierung der Hauptartillerie überhaupt in Kauf nahm. Sie bestand aus 12 x 15-cm-L/40-Škoda-C96-Einzelgeschützen in recht eigenwilliger Doppeldeck-Aufstellung, zugleich das charakteristische Erkennungsmerkmal dieser Klasse; (fast könnte man von »vertikalen Doppeltürmen« sprechen). Dieses Geschützmodell kam ab 1900 in der Marine zum Einsatz und basierte auf dem bewährten Modell K94 von Krupp, das zuletzt noch auf der »Monarch«-Klasse als Mittelartillerie verwendet worden war.
Die Schiffe trugen, wie auch alle nachfolgenden Klassen an Schlachtschiffen, dazu die übliche Ausstattung mit kleineren Geschützen zur Verteidigung gegen Torpedoboote, inklusive einfacher Schnellfeuerkanonen, Revolverkanonen und Mitrailleusen (Salvengeschütze bzw. eine Art früher Maschinenkanonen).
Der Panzergürtel hatte eine Stärke von 220 mm im Mittschiffsbereich, dort wo sich die Munitionsmagazine, Maschinenräume und andere kritische Einrichtungen befanden. Er verjüngte sich an beiden Enden des Mittelteils leicht auf 180 mm. Nach den Barbetten war der Rumpf bis zum Bug und Heck durch eine ca. 50 mm dicke Panzerung geschützt. Das Panzerdeck war 40 mm dick. Die Hauptgeschütztürme waren durch eine 210 mm dicke Panzerplatte an den Seiten geschützt, die Barbetten bis zu 183 mm. Die Kasematten für die 15-cm-Kanonen hatten außen 137-mm-Panzerung.

Technische Daten	Habsburg-Klasse (3 Schiffe)
Stapelläufe	1900–1902
Abmessungen	
Länge	113,1 m (über alles 114,6 m)
Breite	21,2 m
Tiefgang	7,5 m
Verdrängung	8.197 ts (Konstruktion), 8.785 ts (maximal)
Maschinenanlage	Zwei stehende 4-Zylinder-Dreifach-Expansions-Dampfmaschinen, 16 × Belleville-Wasserrohrkessel, 2 Kamine
Maschinenleistung	13.340 PS, Höchstgeschwindigkeit 19,5 Knoten, 2 Wellen
Bewaffnung	3 × 24-cm-L/40 Krupp/Škoda (Doppelturm vorne, Einzelturm achtern), 12 × 15-cm-L/40 Škoda (einzeln), 10 × 7-cm-L/45, 6 x 4,7-cm-L/44 und 2 x 4,7-cm-Škoda-L/33-Schnellfeuerkanonen zur Torpedoboot-Abwehr; im Krieg 2 x 7-cm-Flak-L/50 Škoda, 2 × Torpedorohre 45 cm (an den Seiten; unter Wasser)
Panzerung	Gürtel 180–220 mm, Panzerdeck 40 mm, Türme 210 mm, Kasematten 137 mm, Kommandoturm 150 mm
Besatzung	640 Mann

Schon auf den ersten Blick wirken die Schiffe überhöht und topplastig. Da wegen des zu hohen Schwerpunktes auch die Seefestigkeit litt, wurden 1910–1911 zwei Schiffe (SMS »Habsburg« und »Árpád«) um ein Deck verkleinert, nur SMS »Babenberg« unterlief diesem Umbau nicht.

»Árpád«, kurz nach dem Umbau 1910–1911 mit niedrigeren Aufbauten, noch olivgrün.

SMS »Árpád« beim Kohlefassen, ein besonderes Ritual und echte Schwerarbeit an Bord von Kriegsschiffen.

SM Schlachtschiff »Babenberg« in olivgrünem Anstrich, hier in der Bucht von Muggia. Die Schiffe sollten sich damit möglichst wenig von den Bergen der dalmatinischen Küste abheben.

Namen: Benannt nach führenden Herrschergeschlechtern in Österreich und Ungarn.

Erster Weltkrieg: Die drei Schiffe bildeten bei Kriegsbeginn die 4. Division der Schlachtflotte in Pola, waren aber schon sehr veraltet und wurden um den Jahreswechsel 1917/18 außer Dienst gestellt, bei weiterer Verwendung als Schul- und Wohnschiffe. Alle drei Schiffe überstanden den Krieg ohne größere Schäden.

SMS »Babenberg«, das einzige Schiff ohne Umbau, in hellgrauem Anstrich.

Die drei Schlachtschiffe der »Habsburg«-Klasse, auslaufend aus der Bocce, von SMS »Babenberg« aus fotografiert.

SMS »Babenberg«, einzelner 24-cm-Geschützturm achtern.

Zur Schiffserkennung charakteristisch für die »Habsburg«-Klasse sind die 15-cm-Kasemattengeschütze direkt übereinander. Hier werden die Rohre von zwei Matrosen für eine Fotoaufnahme in der Bucht von Pola erklettert.

d. Monarch-Klasse (3 Schiffe)

SMS Monarch
31.07.1893/09.05.1895/11.05.1898, Seearsenal Pola; in St. Germain England zugesprochen und in den 1920-er Jahren nach Italien zum Abbruch verkauft.
SMS Wien
16.02.1893/06.07.1895/13.05.1897, STT Triest; am 10.12.1917 in der Bucht von Triest durch das italienische Motortorpedoboot MAS 9 mittels Torpedo versenkt.
SMS Budapest
16.02.1893/27.04.1896/12.05.1898, STT Triest; in St. Germain England zugesprochen und in den 1920-er Jahren nach Italien zum Abbruch verkauft.

Anmerkungen: Interessante und durchaus gelungene Konstruktion bei nur 5.500 t Deplacement, mit klaren Linien, sinnvoller Artillerieaufstellung und mit viel Kampfkraft im Verhältnis zur Größe. Es handelt sich nach den beiden Turmschiffen um die ersten »echten« Schlachtschiffe, die offizielle Eigenbezeichnung lautete jedoch vorerst »Küstenverteidiger«. Sie wurden später dann aber in amtlichen Quellen meist als Schlachtschiffe geführt. Ähnlichkeiten mit Küstenpanzerschiffen kleinerer Marinen sind jedoch teilweise deutlich erkennbar.
1892/93 parlamentarisch genehmigt, jedoch mit massiven Beschränkungen als Konstruktionsvorgabe. Sie hatten weniger Verdrängung als das letzte vorangegangene Turmschiff »Kronprinz Erzherzog Rudolf« und deutlich weniger als Schlachtschiffe anderer Marinen ihrer Zeit. Reichweite und auch Geschwindigkeit waren sehr gering angesetzt, die artilleristische Feuerkraft im Verhältnis zur Tonnage von nur ca. 5.500 t dagegen beeindruckend (4 x 24-cm-L/40-Krupp-K94-Geschütze plus 6 x 15-cm-L/40 Krupp K94 als Mittelartillerie).
Die Hauptartillerie war in zwei Doppeltürmen gut aufgestellt, einer vorne, einer achtern, mit großen Bestreichungswinkeln. Es waren nach den Turmschiffen (mit den noch oben offenen Barbetten) die ersten k.u.k. Schiffe, die richtige Geschütztürme moderner Bauart verwendeten. Wie alle späteren Schiffe führten sie dazu auch zahlreiche 4,7-cm-L/44 von Škoda und Hotchkiss L/33-Schnellfeuerkanonen, über die Dienstjahre in wechselnder Zahl, worauf hier nicht im Detail eingegangen wird. Im Krieg erhielten sie zur Luftabwehr auch ein 7-cm-L/50-Flak von Škoda, ein sogenanntes »Ballonabwehrgeschütz«.
SMS »Budapest« war mit etwas moderneren und leistungsstärkeren Maschinenanlagen ausgestattet als die beiden Schwesterschiffe (Höchstgeschwindigkeit 17,5 Knoten).
Erkennungstechnisch charakteristisch für die Klasse ist der einzelne Kamin (alle nachfolgenden Schlachtschiff-Klassen hatten zwei oder drei Kamine).
Die Gürtelpanzerung war im Mittelteil bis zu 270 mm dick, das Panzerdeck erreichte bis 64 mm, der Kommandoturm 220 mm, die Kasematten 76 mm.

Technische Daten	Monarch-Klasse (3 Schiffe)
Stapelläufe	1895
Abmessungen	
Länge	97,7 m (über alles: 99,22 m)
Breite	17 m
Tiefgang	6,6 m
Verdrängung	5.547 ts (Konstruktion), 5.785 ts (maximal)
Maschinenanlage	Zwei stehende 3-Zylinder-Dreifach Expansions-Dampfmaschinen, 5 Zylinderkessel (4 Doppel-Ender, 2 Einzel-Ender); Budapest: 16 Beleville-Wasserrohrkessel; 1 Kamin
Maschinenleistung	8.500 PS, Höchstgeschwindigkeit 16–17 Knoten (Budapest: 17,5), 2 Wellen
Bewaffnung	4 × 24-cm-L/40 Krupp (zwei Doppeltürme), 6 × 15-cm-L/40 Krupp (einzeln), 10 x 4,7-cm-L/44 und 4 x 4,7-cm-L/33-Schnellfeuerkanonen zur Torpedoboot-Abwehr (in wechselnder Zahl; ursprünglich auch 2 x 3,7-cm-L/23); im Krieg 1 x 7-cm-L/50-Flak Škoda; Budapest 1918 anstelle Doppelturm vorne kurzzeitig 1 x 38-cm-Haubitze L/17 M6 von Škoda, 2 × Torpedorohre 45 cm (an den Seiten; unter Wasser)
Panzerung	Gürtel 270 mm, Panzerdeck 64 mm, Türme 280 mm, Kasematten 76 mm, Kommandoturm 220 mm
Besatzung	430 Mann

SMS »Budapest« in ihrer frühen Dienstzeit, noch im viktorianischen Anstrich.

SMS »Monarch« im klassischen viktorianischen Anstrich: schwarzer Rumpf, weiße Aufbauten, gelber (beiger) Kamin; dieser ist hier bereits erhöht.

Namen: Das Typschiff ist benannt nach dem Synonym für einen gekrönten Herrscher, die beiden anderen nach den Hauptstädten der beiden Reichshälften der Doppelmonarchie. In alten Ausgaben des »Taschenbuch der Kriegsflotten« von Bruno Weyer wird SMS »Budapest« als »Ofenpest« geführt (alter deutscher Name für Budapest), der aber nie amtlich verwendet wurde.

Anstelle des vorderen 24-cm-Doppelturms erhielt SMS »Budapest« im März 1918 kurzzeitig eine 38-cm-Haubitze L/17.M6 von Škoda für den Landbeschuss. Hier ein Foto vom Einbau.

Ein Schlachtschiff der »Monarch«-Klasse, wahrscheinlich SMS »Wien«, im »hausianischen«, hellgrauen Anstrich in der Bocce im Ersten Weltkrieg; vor vorne her aufgenommen. Die Geschütztürme sind in entgegengesetzter Richtung geschwenkt.

Vorderer 24-cm-Doppelturm von Krupp an Bord SMS »Budapest«; koloriertes Bild.

Erster Weltkrieg: Die drei Schiffe bildeten bei Kriegsbeginn die 5. Division der Schlachtflotte in Pola, waren aber 1914 schon recht veraltet und zudem langsam. Sie wurde trotzdem immer wieder zum Kampfeinsatz herangezogen, vor allem Küstenbeschuss (hauptsächlich im Raum südliche Isonzo-Front). Bei der Versenkung von SMS »Wien« 1917 in der Bucht von Muggia fielen 32 Mann, das ebenfalls mit Torpedo angegriffene Schwesterschiff »Budapest« (von MAS 13) wurde nicht getroffen. Im März 1918 wurde SMS »Budapest« mit einer 38-cm-Haubitze L/17.M6 von Škoda ausgestattet, anstelle des vorderen 24-cm-Doppelturms. Vorgesehen war diese für den Landbeschuss. Sie wurde im Oktober 1918 wieder entfernt, da sie wegen des enormen Rückstoßes am Schiff zu große Schwankungen verursachte.

SMS »Monarch« im dunklen olivgrünen Anstrich, auch als »montecuccoligrün« bezeichnet und von ca.1903/04 bis 1913/14 umfassend in Verwendung.

SM Schlachtschiff »Budapest« im hellgrauen Anstrich in der Bocce im Krieg. Für ihre Größe von nur ca. 5.500 t waren die Schiffe artilleristisch sehr stark bewaffnet, mit 4 x 24-cm- und 6 x 15-cm-Geschützen.

1.3. Turmschiffe (1914 obsolet)

Die Bereitstellung der nötigen Finanzmittel blieb das permanente Hauptproblem der Marineführung. Vizeadmiral Wilhelm von Tegetthoff starb überraschend 1871, seine Nachfolge trat Friedrich von Pöck an (bis 1883). Hatte Tegetthoff, der Sieger von Lissa, sich schon extrem schwer getan, Gelder zum Bau für neue Schiffe zu erhalten (er zerbrach auch innerlich an diesem Dilemma), so tat sich Pöck noch schwerer, dem es dazu auch am Prestige seines Vorgängers als Seeheld mangelte. Er schaffte es trotzdem, Mitte der 1870er Jahre das Geld für den Bau drei neuer Panzerschiffe der »Kaiser-Max«-Klasse zu erhalten, die er aber budgetmäßig als Umbau bzw. Wiederherstellung der früheren gleichnamigen Schiffe tarnen musste (es waren noch Kasemattschiffe mit den Geschützen in einer gepanzerten Zentralbatterie). Dabei war in Wirklichkeit nur sehr wenig Material von den uralten Schiffen für die neuen Schiffe wiederverwendet worden. Dieses aberwitzige System wurde von Österreich-Ungarns Marine vielfach angewendet, da es leichter war, Mittel für einen Umbau oder eine Reparatur zu bekommen, als die Genehmigung für einen Neubau. Seit dem Ausgleich 1867 mit Ungarn mussten zudem die Parlamente beider Reichshälften, d.h. in Wien und Budapest, den Mitteln für Neubauten zustimmen. Pöck erhielt schließlich doch die parlamentarische Genehmigung für zwei neue Schiffe, für das spätere Panzerschiff (ebenfalls noch Zentralbatterieschiff) SMS »Tegetthoff« 1876 und 1881 für ein neuartiges Turmschiff. Sein Nachfolger Maximilian Daublebsky von Sterneck (1883–97) musste ebenfalls ähnliche Tricks anwenden, um die parlamentarische Genehmigung zum Bau eines weiteren Turmschiffes zu erhalten.

Nach einer Serie von 15 Panzer- und Kasemattschiffen werden SMS »Kronprinzessin Erzherzogin Stephanie« und »Kronprinz Erzherzog Rudolf« oft als die ersten beiden »Schlachtschiffe« in der k.u.k. Flotte bezeichnet. Sie stellten aber eigentlich nur den Übergang vom Panzerschiff (Kasemattenschiff) zum Schlachtschiff dar, der vom Typ her erst mit der nachfolgenden »Monarch«-Klasse weitgehend abgeschlossen wird. Die offizielle Bezeichnung lautete »Turmschiffe« (mit Bezug auf die Geschütztürme) oder auch »Barbette-Schiffe« (mit Bezug auf die ringförmige Panzerung für die schweren Turmgeschütze).

Die Baupläne wurden federführend von Josef Kuchinka ausgearbeitet (Marinetechnisches Komitee Pola). Beide Einheiten müssen getrennten Klassen zugerechnet werden, obwohl sie oft in einer geführt werden. Der »Kronprinz Erzherzog Rudolf« war deutlich größer mit einer Verdrängung (Konstruktion) von 6830 gegenüber 5075 ts und hatte drei statt zwei Geschütze als Hauptartillerie (in nach oben offenen Barbetten).

Beide Schiffe besuchten 1890 England, Dänemark und das Deutsche Reich (Kiel). Aufgrund der schnellen Entwicklungen im internationalen Kriegsschiffbau waren sie bereits nach einem Jahrzehnt völlig veraltet. Sie wurden 1906 aus der Liste der aktiven Kriegsschiffe gestrichen und in die Bocce verlegt, wurden aber beide im Ersten Weltkrieg noch als Hulks verwendet.

Das Turmschiff »Kronprinz Erzherzog Rudolf« in der Reserveflotte in Pola.

a. Kronprinzessin Erzherzogin Stephanie-Klasse (1 Schiff)

SMS Kronprinzessin Erzherzogin Stephanie
17.12.1884/14.04.1887/01.07.1889, STT Triest; 1919 von Italien übernommen und in den 1920er-Jahren abgebrochen.

Anmerkungen: Mit zwei einzelnen 30,5-cm-Krupp-L/35 K80-Geschütztürmen in offenen Barbetten ausgestattet, dazu 6 × 15-cm-L/35-Geschütze, ebenfalls von Krupp, installiert im Mittelteil des Schiffes in Kasematten.

Name: Benannt nach der Gattin des Thronfolgers.

Erster Weltkrieg und Verbleib: Ex-SMS »Kronprinzessin Erzherzogin Stephanie« wurde als Wohnhulk 1913 in »Gamma« umbenannt; Wohnschiff für Seeminen und Telegraphenschule.

Technische Daten	Kronprinzessin Erzherzogin Stephanie-Klasse (1 Schiff)
Stapelläufe	1887
Abmessungen	
Länge	über alles 87,22 m
Breite	19,1 m
Tiefgang	7,1 m
Verdrängung	5.070 ts (Konstruktion), 5.150 ts (maximal)
Maschinenanlage	Zwei stehende 3-Zylinder-Zweifach-Expansions-Dampfmaschinen, 10 Kessel, 2 Kamine
Maschinenleistung	8.000 PS, Höchstgeschwindigkeit 17 Knoten, 2 Wellen
Bewaffnung	2 × 30,5-cm-L/35 Krupp (zwei Einzeltürme), 6 × 15-cm-Krupp-L/35, div. 4,7-cm-L/44 und L/33-Schnellfeuerkanonen zur Torpedoboot-Abwehr, dazu 2 x 3,7-cm-Schnellfeuerkanonen in beiden Gefechtsmarsen, 4 × 40-cm-Torpedorohre 40 cm (1 Bug, 1 Heck, 2 an den Seiten)
Panzerung	Gürtel 229 mm, Panzerdeck 60 mm, Türme 283 mm, Kommandoturm 50 mm
Besatzung	430 Mann

»Kronprinzessin Erzherzogin Stephanie« als Hulk »Gamma« in Pola.

Turmschiff »Kronprinzessin Erzherzogin Stephanie« im Dock, Heckansicht.

SMS »Kronprinzessin Erzherzogin Stephanie« im viktorianischen Anstrich, Steuerbordseite.

b. Kronprinz Erzherzog Rudolf-Klasse (1 Schiff)

SMS Kronprinz Erzherzog Rudolf
25.01.1884/06.07.1887/20.09.1889, Seearsenal Pola; 1919 von Jugoslawien übernommen, dort noch in »Kumbor« umbenannt, aber in den 1920er-Jahren abgebrochen.

Anmerkungen: Als zweites Turmschiff hatte es bereits deutlich größere Dimensionen als die Vorgängerin. Zwei der 30,5-cm-Krupp-L/35 K80-Geschütze waren vorne einzeln an Backbord und Steuerbord installiert und konnten jeweils nur eine Seite bestreichen, der achtern installierte Geschützturm war zentral aufgestellt. Das Kaliber der Mittelartillerie war kleiner als das bei der Vorgängerin, 6 x 12-cm-L/35, je drei an jeder Seite.

Name: Benannt nach dem Thronfolger und einzigen Sohn von Kaiser Franz Joseph I.

Erster Weltkrieg und Verbleib: Ex-SMS »Kronprinz Erzherzog Rudolf« verbrachte den Krieg als Hulk in der Bocce.
Das Schiff war das einzige ex k.u.k. Großkampfschiff, das 1920 an Jugoslawien fiel, war aber als Kampfschiff längst vollkommen unbrauchbar.

Turmschiff »Kronprinz Erzherzog Rudolf« in einer Steuerbordansicht.

Das achtern mittschiffs installierte 30,5-cm-L/35-Krupp-Geschütz auf »Kronprinz Erzherzog Rudolf«. Die beiden vorderen Geschütze konnten jeweils nur eine Seite bestreichen. Kolorierte Aufnahme.

Das damals noch recht neue Turmschiff »Kronprinz Erzherzog Rudolf« in Kiel 1890, dahinter SMS »Kaiserin Elisabeth« und »Kronprinzessin Erzherzogin Stephanie«. Der Anstrich ist viktorianisch, d.h. schwarzer Rumpf, weiße Aufbauten, aber hier weiße statt klassisch gelbe Kamine, eine weitere Spielart neben den manchmal auch schwarzen Kaminen. Kaiser Wilhelm II. kam am 03. September 1890 an Bord zur Besichtigung der Schiffe. Das Bild stammt vom bekannten Marinemaler Alexander Kircher.

Technische Daten	Kronprinz Erzherzog Rudolf-Klasse (1 Schiff)
Stapelläufe	1887
Abmessungen	
Länge	über alles 97,1 m
Breite	19,3 m
Tiefgang	7,9 m
Verdrängung	6.830 ts (Konstruktion), 6.860 ts (maximal)
Maschinenanlage	Zwei stehende 4-Zylinder-Dreifach-Expansions-Dampfmaschinen, 10 Kessel, 2 Kamine
Maschinenleistung	6.000 PS, Höchstgeschwindigkeit 15,5 Knoten, 2 Wellen
Bewaffnung	3 × 30,5-cm-L/35 Krupp (drei Einzeltürme), 6 × 12-cm-L/35 Krupp, div. 4,7-cm-L/44 und -L/33 Schnellfeuerkanonen zur Torpedoboot-Abwehr, dazu 2 x 3,7-cm-Schnellfeuerkanonen im Gefechtsmars, 4 × 40-cm-Torpedorohre 40 cm (1 Bug, 1 Heck, 2 an den Seiten)
Panzerung	Gürtel 305 mm, Panzerdeck 95 mm, Türme 254 mm, Kommandoturm 50 mm
Besatzung	450 Mann

2. Panzerkreuzer

Österreich stieg nur zögerlich und über den Umweg der eigenwilligen Konstruktion des »Torpedo-Rammkreuzers« in den Bau von Panzerkreuzern ein, ein Typ der sich parallel in vielen bedeutsamen Seestreitkräften in großer Zahl etablierte. Im Jahrzehnt zwischen 1893 und 1903 wurden in Österreich-Ungarn insgesamt nur drei Schiffe dieses Typs vom Stapel gelassen, alle wurden auf heimischen Werften gebaut, alle drei blieben Einzelgänger.

Nach dem Bau von SMS »Sankt Georg« (Indienststellung 1905) wurden für die k.u.k. Marine keine Panzerkreuzer mehr gebaut, eine sicher richtige Entscheidung. Der Schiffstyp galt bei Kriegsbeginn 1914 bereits als veraltet. Er war in den großen Marinen vom Typ des Schlachtkreuzers ersetzt worden, ein sehr leistungsfähiger, aber extrem teurer Schiffstyp; Schlachtkreuzer entwarf die k.u.k. Marine nur auf dem Papier, gebaut wurde kein einziger.

a. Sankt Georg-Klasse (1 Schiff)

SMS Sankt Georg
11.3.1901/08.02.1903/31.07.1905, Seearsenal Pola; in St. Germain England zugesprochen, in den 1920-er Jahren in Italien abgebrochen.

Technische Daten	Sankt Georg-Klasse (1 Schiff)
Stapelläufe	1901
Abmessungen	
Länge	123,2 m (über alles: 124,3 m)
Breite	19 m
Tiefgang	6 m
Verdrängung	7.289 ts (Konstruktion), 8.070 ts (maximal
Maschinenanlage	Zwei vertikale 4-Zylinder-Dreifach Expansions-Dampfmaschinen, 12 Yarrow Wasserrohr-Kessel, 3 Kamine
Maschinenleistung	15.271 PS, Höchstgeschwindigkeit 22 Knoten, 2 Wellen
Bewaffnung	2 x 24-cm-L/40 Škoda (ein Doppelturm), 5 × 19-cm-L/42 Škoda (einzeln), 4 × 15-cm-L/40 Krupp (einzeln), 9 × 7-cm-L/45 Škoda, 8 x 4,7-cm-L/44 und 2 x 4,7-cm-L/33-Schnellfeuerkanonen zur Torpedoboot-Abwehr, 2 × Torpedorohre 45 cm (an den Seiten; unter Wasser)
Panzerung	Gürtel 210 mm, Panzerdeck 50 mm, Türme 210 mm, Kommandoturm 200 mm
Besatzung	680 Mann

Anmerkungen: Dieser letzte k.u.k. Panzerkreuzer wurde erst ca. fünf Jahre nach dem Vorgänger gebaut und hatte ebenfalls keine Schwesterschiffe. Er war nochmals deutlich größer (um über 1.200 ts) und zeichnete sich durch eine besondere Kalibervielfalt aus: Neben 2 x 24-cm-K01-L/40-Geschützen (Doppelturm vorne) als Hauptartillerie hatte er noch 5 x 19-cm-G L/42-Geschütze (eines am Heck und vier einzeln an den Seiten) sowie 4 x 15-cm-G L/40-SC96 und ebenfalls einzeln aufgestellt. Der 24-cm-Doppelturm basierte auf einem Modell von Krupp in Essen, wurde für »Sankt Georg« aber

SMS »Sank Georg« mit 21 Knoten in voller Fahrt (Probefahrten).

SMS »Sankt Georg« in Fahrt, stark qualmend.

Steuerbord Seitenansicht des Panzerkreuzers »Sankt Georg«, aufgenommen in der Bocce im hellgrauen Anstrich; das Schiff spielte eine zentrale Rolle beim Matrosenaufstand von Cattoro 1918, der Kommandant wurde niedergestochen. Nach Niederschlagung des Aufstandes wurde die ganze Besatzung von Bord geholt, einige Rädelsführer durch ein Militärgericht zu Tode verurteilt. Das Schiff wurde danach außer Dienst gestellt und als Wohnschiff in der Bocce verwendet.

erstmals in Lizenz bei den Škoda-Werken in Pilsen gefertigt, von wo auch die 19-cm- und die 15-cm-Geschütze kamen. Das Schiff wurde auch für Übersee-Einsätze verwendet und vertrat Österreich-Ungarn 1907 (gemeinsam mit dem Kleinen Kreuzer »Aspern«) in den USA zur 300-Jahr-Feier der ersten Kolonie in Jamestown, Virginia; es war damit das größte k.u.k. Kriegsschiff, das einen Besuch in Übersee absolvierte.

Name: Benannt nach dem Lieblingsheiligen von Thronfolger Erzherzog Franz Ferdinand (offenbar auf dessen Drängen) und lag damit sehr außerhalb der üblichen Namenstraditionen der k.u.k. Marine.

Erster Weltkrieg und Verbleib: Zu einigen Kampfeinsätzen inklusive Landzielbeschießungen herangezogen, verbrachte das Schiff den Großteil der Kriegszeit untätig in Wartestellung, wie auch die meisten anderen k.u.k. Großkampfschiffe. Dazu kamen aber weitere Einsätze, u.a. zum Entsatz der Kreuzer beim Seegefecht von Otranto im Mai 1917 (zwar ausgelaufen, aber nicht zum Einsatz gekommen). Der Panzerkreuzer spielte eine Schlüsselrolle beim Matrosenaufstand von Cattaro 1918. Danach wurde es als Wohnschiff in Teodo (Tivat) verwendet.

b. Kaiser Karl VI.-Klasse (1 Schiff)

SMS Kaiser Karl VI.
01.07.1896/04.10.1898/23.05.1900, STT Triest; in St. Germain England zugesprochen, in den 1920-er Jahren in Italien abgebrochen.

Anmerkungen: Als zweiter heimischer Panzerkreuzer konzipiert, mit einigen Verbesserungen gegenüber der Vorgängerin SMS »Kaiserin und Königin Maria Theresia«: etwas besser gepanzert und stärkere Maschinenanlage, bei konzeptionell gleicher Bewaffnung, aber auf Basis moderner Geschützmodelle. Dafür hatte er aber auch um etwa 1.000 ts mehr Wasserverdrängung. Die See-Eigenschaften waren sehr mittelmäßig, schon unmittelbar nach Fertigstellung wurde daher eine kleinere Gewichtsreduktion durchgeführt.
Die schweren 24-cm-Geschütze L/40 C94 kamen wieder von Krupp, die Mittelartillerie 15-cm-L/40 K94 dagegen schon von Škoda. Auf die schweren Gefechtsmasten wurde von Anfang an verzichtet.
Die verstärkten Maschinenanlagen machten drei große Kamine notwendig. Das Schiff blieb ebenfalls ein Einzelgänger. Etwa parallel zu diesem Panzerkreuzer wurden die weitgehend ungepanzerten Kleinen Kreuzer der »Zenta«-Klasse in Auftrag gegeben.
Der Panzerkreuzer wurde ebenfalls zu Auslandseinsätzen verwendet (und war das größte k.u.k. Kriegsschiff, das Ostasien und Südamerika bereiste).

Name: Benannt nach einem Herrscher aus dem Hause Habsburg.

Erster Weltkrieg und Verbleib: Nach Kriegsbeginn 1914 hat das Schiff Landziele in Montenegro beschossen, ebenso 1915, sowie diverse kleinere Kampfeinsätze bestritten. Ansonsten blieb es meist im Stützpunkt; im März 1918 wurde es außer Dienst gestellt (Wohnschiff).

Technische Daten	Kaiser Karl VI.-Klasse (1 Schiff)
Stapelläufe	1898
Abmessungen	
Länge	117,9 m (über alles: 119 m)
Breite	17,3 m
Tiefgang	6,3 m
Verdrängung	6.166 ts (Konstruktion), 6.864 ts (maximal)
Maschinenanlage	Zwei vertikale 4-Zylinder-Dreifach Expansions-Dampfmaschinen, 16 Belleville Wasserrohr-Kessel, 3 Kamine
Maschinenleistung	12.300 PS, Höchstgeschwindigkeit 20,8 Knoten, 2 Wellen
Bewaffnung	2 × 24-cm-L/40 Krupp (zwei Einzeltürme), 8 × 15-cm-L/40 Krupp (einzeln), bis zu 16 x 4,7-cm-L/44 und 2 x 4,7-cm-L/33-Schnellfeuerkanonen zur Torpedoboot-Abwehr, ab 1917 auch 1 x 7-cm-L/50-Flak Škoda, 2 × Torpedorohre 45 cm (an den Seiten; über Wasser)
Panzerung	Gürtel 180 mm, Panzerdeck 32–64 mm, Barbetten 205 mm, Kommandoturm 200 mm
Besatzung	570 Mann

SMS »Kaiser Karl VI.« in der Bocce 1917. Die Bewaffnung bestand aus zwei Einzeltürmen Kaliber 24 cm L/40 als Hauptartillerie. Charakteristische Merkmale des Schiffes sind die riesengroßen Lüfter im Bereich der Schornsteine.

SMS »Kaiser Karl VI.«, Silhouette.

SMS Panzerkreuzer »Kaiser Karl VI.« aufgenommen in Fiume; Vorderansicht.

c. Kaiserin und Königin Maria Theresia-Klasse (1 Schiff)

SMS Kaiserin und Königin Maria Theresia
06.10.1891/29.04.1893/24.03.1895, STT Triest; in St. Germain England zugesprochen, in den 1920-er Jahren in Italien abgebrochen.

Technische Daten	Kaiserin und Königin Maria Theresia-Klasse (1 Schiff)
Stapelläufe	1891
Abmessungen	
Länge	111,7 m (über alles: 113,7 m)
Breite	16,3 m
Tiefgang	6,1 m
Verdrängung	5.164 ts (Konstruktion), 6.026 ts (maximal)
Maschinenanlage	Zwei horizontale 3-Zylinder-Dreifach-Expansions-Dampfmaschinen, 6 Zylinderkessel (4 Doppel-Ender, 2 Einzel-Ender), 2 Kamine
Maschinenleistung	9.000 PS, Höchstgeschwindigkeit 19 Knoten, 2 Wellen
Bewaffnung	2 × 24-cm-(Einzeltürme)-L/35 Krupp (1910 durch 2 x 19-cm-L/42 Škoda ersetzt), 8 × 15-cm-L/35 Krupp (einzeln), bis zu 12 x 4,7-cm-L/44 und diverse 3,7-cm-Schnellfeuerkanonen zur Torpedoboot-Abwehr in wechselnder Zahl; dazu 4 x 4,7-cm-Schnellfeuergeschütze in den Gefechtsmarsen, 4 × 45-cm-Torpedorohre (1 Bug, 1 Heck, 2 an den Seiten; über Wasser)
Panzerung	Gürtel 100 mm, Panzerdeck 38–57 mm, Türme 100 mm, Kommandoturm 50 mm
Besatzung	475 Mann

Anmerkungen: Erster Panzerkreuzer der k.u.k. Marine. Ursprünglich als dritte, verbesserte Einheit der »Kaiser Franz Joseph I.«-Klasse konzipiert, sollte er auf einer englischen Werft gebaut werden. Da sich aber immer stärker abzeichnete, dass die »Kaiser Franz Joseph I.«-Klasse eher grundsätzliche Mängel im Typenkonzept als im Bau aufwies, wurde das Schiff doch an eine heimische Werft vergeben. Zudem ging man im Entwurf nun weg vom Torpedo-Rammkreuzer, hin zu einem »echten« Panzerkreuzer. Dafür wurde es um über 1.000 ts vergrößert und stärker gepanzert. Die Geschwindigkeit sollte so hoch sein, um Aufklärung für die Schlachtflotte zu ermöglichen, deshalb war eine entsprechend höhere Antriebsleistung gefordert. Der Bau war dann auch wesentlich teurer als die Vorgänger-Klasse der Torpedo-Rammkreuzer (um ca. 25 %).
Obwohl sich der Typ des Panzerkreuzers in anderen Marinen zeitweise sehr stark durchsetzte, war der Hauptmangel hier die geringe Größe von nur etwas mehr als 5.000 t, verbunden mit im Vergleich zu schwacher Panzerung und schließlich auch Maschinenleistung. Zudem besaß das Schiff schlechte See-Eigenschaften, was noch verstärkt wurde durch zwei schwere, röhrenförmige Gefechtsmasten (in Anlehnung an Vorbilder in der französischen Marine, ausgestattet mit Geschützen im Gefechtsmars: dem Panzerkreuzer »Dupuy de Lome« und den aus diesem entwickelten vier kleineren Panzerkreuzern der »Amiral-Charner«-Klasse). Bei Umbau 1903/04 wurden diese entfernt und durch einfache Masten ersetzt.
Das Schwenken der Geschütze erfolgte statt bisher hydraulisch erstmals elektrisch, was u.a. eine Gewichtsersparnis ermöglichte. Bewaffnet bei Indienststellung mit 2 x 24-cm-L/35-Krupp-C86-Geschützen (in Türmen mit einer Panzerkuppel) und 8 x 15-cm-L/35 Krupp C86. Bei letzten (eigentlich schon sinnlosen) Umbauarbeiten 1906–1910 zur Kampfwertsteigerung wurden die alten 24-cm-Geschütze durch leichtere 19-cm-Modelle L/42 von Škoda ersetzt, wie sie auch auf der »Erzherzog«-Klasse und auf »Sankt Georg« verwendet wurden; die tiefliegenden 15-cm-Geschütze wurden an Oberdeck verlegt.
Das Schiff blieb baulich ein Einzelgänger, es war keine besonders gelungene Konstruktion. Insgesamt hatte es stets einen beschränkten Kampfwert und wurde daher auch für Übersee-Einsätze verwendet (in der Karibik im Spanisch-Amerikanischen Krieg 1898 und als Flaggenschiff der k.u.k. Eskader beim Boxeraufstand in China 1900–1902).

Name: Es war benannt nach einer Herrscherin aus dem Hause Habsburg; Kaiserin war Maria Theresia als Gattin von Franz I., dem Kaiser des Heiligen Römischen Reiches Deutscher Nation, dazu war sie Erzherzogin von Österreich und auch Königin von Ungarn (gekrönt 1741); Ungarn hatte daher auf den Zusatz »Königin« im Schiffsnamen bestanden.

Erster Weltkrieg und Verbleib: Für Kampfeinsätze im Ersten Weltkrieg war das Schiff bereits weitgehend wertlos. 1914–1917 Hafenwachschiff in Sebenico (Šibenik), 1917 außer Dienst gestellt und als Wohnschiff für deutsche U-Flottille in Pola verwendet.

SM »Kaiserin und Königin Maria Theresia« in Schanghai im olivgrünen Anstrich, als Flaggenschiff einer k.u.k. Eskader zur Niederschlagung des Boxer-Aufstandes. Wegen des langen Namens wurde das Schiff meist als KKMT abgekürzt.

»Kaiserin und Königin Maria Theresia« eingedockt in Uraga in Japan im Oktober 1901 (dahinter SMS »Kaiserin Augusta«).

SMS »Kaiserin und Königin Maria Theresia« kurz nach Indienststellung, im viktorianischen Anstrich.

Im weißen Missionsanstrich für Übersee-Einsatz in der Karibik 1898.

Nach dem Umbau 1906–1910. Die schweren Röhrenmasten wurden bereits 1903/04 entfernt.

Der ehemalige Panzerkreuzer »Kaiserin und Königin Maria Theresia« in Sebenico in hellgrauem Anstrich; teilweise abgerüstet; letztes Aussehen im Ersten Weltkrieg.

3. Kreuzer

In diesem Kapitel werden zwölf k.u.k. Schiffe mit der Typenbezeichnung Kreuzer in nicht weniger als sechs Schiffsklassen behandelt. Im Unterschied zum Linienschiff, das seinen Platz in der Schlachtlinie der Großkampfschiffe haben sollte, sollte der Kreuzer abseits dieser »kreuzen«, um aufzuklären und die gegnerische Aufklärung abzuwehren. Daraus entwickelte sich historisch ein sehr weit verzweigter Begriff bzw. Schiffstyp.
In der zweiten Hälfte des 19. Jahrhunderts kam es weltweit mit der raschen Entwicklung neuer Artilleriegeschütze, des Torpedos, der Seemine, neuer Antriebsysteme und der Qualitätssteigerung im Bereich des Panzerstahls zu enormer Verunsicherung innerhalb aller großen Kriegsflotten bei der Entwicklung neuer Typen. Schiffe, die gerade nach dem letzten Stand der Technik entworfen worden waren, waren bis zur Indienststellung oft schon wieder veraltet.
Österreich schritt dabei gerade im Kreuzerbau teilweise entlang sehr eigenwilliger und auch verschlungener Wege. Dies hat nicht zuletzt mit dem langjährigen Marinekommandanten Admiral Daublebsky von Sterneck zu tun, der als enger Vertrauter Tegetthoffs an der Seeschlacht von Lissa 1866 teilgenommen hatte und als Anhänger der Jeune École galt. Das war eine Gruppe vorwiegend junger französischer Marineoffiziere, die gegen althergebrachte Vorstellungen im Kriegsschiffbau opponierte und auf leichtere, schnelle Schiffstypen mit Torpedobewaffnung setzte. Lokal angereichert war diese Vorliebe des Admirals noch mit der Rammtaktik, die er in Lissa hautnah als sehr erfolgreich erlebt hatte. Mit ihm ist vor allem der Schiffstyp des »Torpedo-Rammkreuzers« verbunden, ein lokal gebauter Kreuzertyp der österreichisch-ungarischen Marine aus den 1880er-Jahren. Die Bezeichnung wurde vor allem für die beiden Kreuzer der »Kaiser Franz Joseph I.«-Klasse verwendet. Der Typ hatte einen schweren Rammbug sowie u.a. Bug- und Hecktorpedorohre. Die kleineren, noch in England gebauten Vorgänger (»Panther«-Klasse) wurden als »Torpedokreuzer« bezeichnet, in einigen zeitgenössischen Quellen findet man diese Klasse aber auch als »Torpedo-Rammkreuzer«, eine Bezeichnung, die für sie aber nie amtlich war. Der Typ hat sich insgesamt nicht bewährt und war bald überholt. Österreich konnte hier somit keine nachhaltigen Fußspuren in der internationalen Kreuzerentwicklung hinterlassen.
Die nachfolgend, um die Jahrhundertwende, gebauten Kleinen Kreuzer der »Zenta«-Klasse (und parallel des Panzerkreuzers der »Karl VI.«-Klasse plus Nachfolger »Sankt Georg«) entsprachen dagegen wieder stärker international üblichen Vorbildern, ebenso die späteren schnellen Kreuzer der »Admiral Spaun« und »Novara«-Klasse. Es waren sehr gut konstruierte Schiffe, welche die recht eigenwillige Typisierung als »Rapidkreuzer« erhielten, ein ebenfalls rein österreichisches Bonmot in der deutschen Marinesprache.
Die Bauaufträge für drei neue Rapidkreuzer waren für Sommer 1914 vorgesehen, kamen aber kriegsbedingt nicht mehr zustande.

Exkurs: die »China-Kreuzer«
Zum Thema Kreuzerbau in Österreich-Ungarn muss auch die Geschichte der sogenannten »China-Kreuzer« erwähnt werden. 1908 wurde vom Kaiserreich China der Beschluss zum Aufbau einer modernen Flotte gefasst, die chinesische Schiffbauindustrie war nicht annähernd in der Lage, die gewünschten Schiffe selbst zu bauen. Es wurden Delegationen zu ausländischen Marinen entsandt, um Verträge mit potentiellen Partnern abzuschließen. Zum Jahreswechsel 1909/10 besuchte eine Marinedelegation unter Admiral Sha Österreich-Ungarn (Pola und Triest). Die Verhandlungen waren erfolgreich und beginnend mit 1910 gab das Kaiserreich China eine ganze Serie von Kriegsschiffen auf österreichischen Werften in Auftrag (STT Triest und vor allem Cantiere Navale Triestino in Monfalcone), nämlich vier Kreuzer, einen Zerstörer, acht Kanonenboote und ein Transportschiff.
Bauwerft für die Kreuzer war CNT in Monfalcone. Es handelte sich konkret um ein relativ großes Schiff von 4900 ts (Länge/Breite/Tiefgang: 135,3/ 14,68/ 4,88 m) und drei deutlich kleinere Einheiten mit jeweils 1861 ts (Länge/Breite/Tiefgang: 105/ 10,9/ /4 m), die als Ausbildungskreuzer geplant waren. Der Bau schritt zügig voran, obwohl zu dieser Zeit STT Triest bereits Probleme mit der Abnahme des fertiggebauten Zerstörers »Lung Tuan« hatte (s. »Huszár«-Klasse). Die Kiellegung der drei kleinen Schiffe erfolgte noch vor Kriegsbeginn, konkret am 2. April 1914, am 15. April 1914 und am 30. Mai 1914, jener der großen Einheit formell erst am 20. April 1915; inzwischen war eine Abnahme durch China aber längst illusorisch, es ging um die mögliche Fertigstellung für den Eigenbedarf. Im Juni 1915 wurde das sehr frontnahe Werftgelände in Monfalcone von Italien besetzt, jedoch im Oktober 1917 von österreichisch-ungarischen Truppen wieder zurückerobert. Eine Fertigstellung war Ende 1917 kriegsbedingt nicht mehr realistisch, das verbaute Material der vier sogenannten »China-Kreuzer« wurde nach dem Krieg abgebrochen.

3.1. Torpedo- und Torpedo-Rammkreuzer

a. Kaiser Franz Joseph I.-Klasse (2 Schiffe)

SMS Kaiser Franz Joseph I.
03.01.1888/18.05.1889/02.06.1890, STT Triest; nach dem Waffenstillstand am 17.10.1919, während eines Sturmes infolge Fahrlässigkeit (unter französischer Kontrolle) gesunken.
SMS Kaiserin Elisabeth
01.07.1888/25.09.1890/24.01.1892, Seearsenal Pola; am 2.11.1914 vor Tsingtau in China, nach Verbrauch der gesamten Munition gegen japanische Belagerungstruppen, von der eigenen Besatzung in der Bucht von Kiautschou versenkt.

Anmerkungen: Die Entwicklung dieses Typs ist besonders facettenreich (s. auch Einleitung). Der Bau fällt in die Zeit der ganz großen Umbrüche in der Typenentwicklung im Kriegsschiffbau. Insgesamt eine nicht sehr gelungene Konstruktion. Mit ca. 4.000 t war er kleiner als ein Panzerkreuzer. Ursprünglich war er als »Torpedo-Rammkreuzer« typisiert, eine rein österreichische Bezeichnung, die in allen anderen Marinen nicht üblich war. Dieser Typ sollte als Flottillenführer einer ganzen Typenfamilie von torpedobestückten Fahrzeugen die Flottille ins Gefecht führen und mit den schweren Geschützen decken. Die Schiffe hatten Überwasser-Torpedorohre an Bug und Heck und an den Seiten und sollten zudem zum Rammen gegnerischer Schiffe geeignet sein.
Sie wiesen seitens der Werft diverse Konstruktionsmängel auf, die Seeeigenschaften waren mäßig, für moderne Kreuzer waren sie auch zu langsam.
Die Artillerie bestand aus zwei schweren 24-cm-Krupp-Geschützen L/35 K86 (die in ihrer Technik schnell völlig veraltet waren) und 6 x 15-cm-L/35 C86 in Kasematten, drei an jeder Seite. Die vorderen und achtern lagen dabei aber sehr tief. 1905/06 wurden die veralteten 24-cm-Krupp-Geschütze durch moderne 15-cm-Škoda-L/40-Modell-K96-Schnelladegeschütze ersetzt und die alten 15-cm-L/35-Krupp-Geschütze in Kasematten vorne und hinten höher platziert, da sie konstruktiv eindeutig zu tief gelagert waren und auch bei mäßigem Seegang nicht mehr eingesetzt werden konnten. 1908 als »Kreuzer 2. Klasse« klassifiziert, erfolgte 1911 eine erneute Umklassifizierung zum »Kleinen Kreuzer«. Insgesamt war sein Kampfwert in der Flotte stets beschränkt, beide Einheiten wurden daher sehr häufig für Übersee-Einsätze herangezogen (vor allem in Fernost).

Name: Die Schiffe waren benannt nach dem damals amtierenden Herrscherpaar in Wien, was darauf hinweist, dass sie marineintern als wichtige Großkampfschiffe angesehen wurden.

Erster Weltkrieg: SMS »Kaiserin Elisabeth« war bei Kriegsbeginn als Stationsschiff in Ostasien. Japan erklärte wegen der Weigerung Wiens, den Kreuzer aus dem deutschen

Technische Daten	Kaiser Franz Joseph I.-Klasse (2 Schiffe)
Stapelläufe	1889–1890
Abmessungen	
Länge	102,6 m (über alles 103,7 m)
Breite	14,7 m
Tiefgang	5,7 m
Verdrängung	Kaiser Franz Joseph I.: 3.968 ts (Konstruktion), 4.333 ts (maximal) Kaiserin Elisabeth: 4.063 ts (Konstruktion), 4.566 ts (maximal)
Maschinenanlage	Zwei horizontale 3-Zylinder-Dreifach-Expansions-Dampfmaschinen, 4 Doppelender-Zylinderkessel, 2 Kamine
Maschinenleistung	9.000 PS, Höchstgeschwindigkeit 19 Knoten, 2 Wellen
Bewaffnung	2 × 24-cm-L/35 Krupp, 6 × 15-cm-L/35 Krupp; nach Umbau 1905/06: alte 2 × 24-cm-Krupp-Kanonen durch moderne 2 × 15-cm-L/40 Škoda ersetzt; bis zu 11 x 4,7 cm L/44 und 2 x 4,7-cm-L/33 sowie 2 x 3,7-cm-L/33-Schnellfeuerkanonen zur Torpedoboot-Abwehr (in wechselnder Zahl), 4 × Torpedorohre 40 cm (1 Bug, 1 Heck, 2 an den Seiten; alle über Wasser)
Panzerung	Gürtel 57 mm, Panzerdeck 38 mm, Türme 90 mm, Kommandoturm 50–90 mm
Besatzung	430 Mann

Kleiner Kreuzer »Kaiser Franz Joseph I.« in der Bocce im Ersten Weltkrieg, letztes Aussehen.

Schutzgebiet Tsingtau abzuziehen, im August 1914 Österreich-Ungarn den Krieg. Anschließend wurde er zum Küstenbeschuss gegen die anrückenden Japaner eingesetzt. Das Schiff erlebte vor Tsingtau am 06. September 1914 den ersten bordgestützten Luftangriff in der Geschichte auf ein Kriegsschiff (vom Flugzeug-Mutterschiff »Wakamiya« aus). Vor der Selbstversenkung fielen zehn Mann der Besatzung bei Kämpfen an Land.

SMS »Kaiser Franz Joseph I.« verbrachte den Großteil der Kriegszeit in der Bucht von Cattaro. Ab März 1918 wurde er zum Wohnschiff. Im Oktober 1919 hatte er vor Anker im Bora-Sturm Wasser übernommen und war gesunken, die Schotten und Luken waren meist nicht geschlossen gewesen.

Das alte 24-cm-Krupp-Geschütz der »Kaiserin Elisabeth« achtern, in einer Detailaufnahme. Zum Nachladen musste nach jedem Schuss das Rohr (hydraulisch) in Kielrichtung gedreht und eingeschwenkt werden.

»Kaiserin Elisabeth«, Steuerbordansicht, mit weißem Missionsanstrich.

SMS »Kaiserin Elisabeth« im Dock in Tsingtau 1909, man beachte das Bug-Torpedorohr und den Rammbug.

SMS »Kaiser Franz Joseph I.« nach dem Umbau 1905/06.

b. Tiger-Klasse (1 Schiff)

SMS Tiger (1906 umbenannt in SMS »Lacroma«)
05.10.1886/26.06.1887/14.031888, STT Triest; in St. Germain England zugesprochen und in den 1920-er Jahren in Italien abgebrochen.

Anmerkungen: Ursprünglich war das Schiff als völlig neue Klasse von Torpedokreuzern geplant (mit Panzerdeck und stärkerer Bewaffnung) und wurde schließlich als etwas verbesserte und nur leicht vergrößerte Version (plus 100 ts) der Torpedokreuzer der »Panther«-Klasse ausgeführt; oft wird SMS Tiger in der Literatur auch als drittes Schiff dieser Klasse geführt. Es wurde bereits im Inland gebaut, nachdem schwere Baumängel bei den in England gebauten Vorgängern nachgewiesen wurden und erst durch Nachbesserungen der Werft in Elswick (Newcastle upon Tyne) beseitigt werden konnten.
Als Artillerie hatte das Schiff zu Beginn seiner Dienstzeit vier 12-cm-L/35 C80-Geschütze von Krupp, d.h. die doppelte Anzahl gegenüber der »Panther«-Klasse.
Eine Hilfsbesegelung von 305 m² (als Forderung der Marineführung) war noch vorhanden, aber für die Zeit überholt.
Der Schiffstyp setzte sich insgesamt nicht durch, der Kampfwert war stets sehr beschränkt. Ein geplantes viertes Schiff wurde nicht mehr gebaut.
1905–1906 wurde SMS Tiger zu einer Jacht der Admiralität umgebaut und dabei die Bewaffnung entfernt bzw. stark reduziert. 1906 wurde das Schiff in neuer Funktion in SMS »Lacroma« umbenannt (benannt nach dem italienischen Namen für die Insel Lokrum bei Ragusa/Dubrovnik). Es folgten Fahrten mit Thronfolger Franz Ferdinand, Marinekommandanten und diverse Repräsentationsaufgaben.

Name: Raubtier.

Erster Weltkrieg und Verbleib: 1915 wurde das Schiff abgerüstet und als Wohnschiff verwendet, ohne Bewaffnung.

Technische Daten	Tiger-Klasse (1 Schiff)
Stapelläufe	1887
Abmessungen	
Länge	74,2 m (über alles: 76,2 m)
Breite	10,55 m
Tiefgang	4,3 m
Verdrängung	1.683 ts (Konstruktion), 1.780 ts (maximal)
Maschinenanlage	Zwei stehende 2-Zylinder-Expansions-Dampfmaschinen, 4 Doppelender-Zylinderkessel, 2 Kamine
Maschinenleistung	6.200 PS, Höchstgeschwindigkeit 18 Knoten, 2 Wellen
Bewaffnung	Ursprünglich 4 × 12-cm-L/35 Krupp, 6 x 4,7-cm-L/44 und 4 x 4,7-cm-L/33-Schnellfeuerkanonen zur Torpedobootabwehr; Bewaffnung 1906 weitgehend entfernt (es verblieben 6 x 4,7-cm-L/44); Bewaffnung 1915 komplett entfernt, 4 × Torpedorohre 35 cm (1 Bug, 1 Heck, 2 an den Seiten; über Wasser); 1906 entfernt
Panzerung	Deck 12–50 mm
Besatzung	190 Mann

SMS »Tiger« im viktorianischen Anstrich.

SMS »Tiger« vor dem Umbau, noch als Torpedokreuzer.

Rechte Seite unten: Ex Torpedokreuzer »Tiger« nach Umbau zur Jacht der Admiralität 1905–1906 und Umbenennung in SMS »Lacroma«. Das Schiff führte in dieser Funktion stets weiße Bemalung.

Jacht der Admiralität: SMS »Lacroma«. Das Schiff führte in dieser Funktion nur mehr symbolische Bewaffnung.

c. Panther-Klasse (2 Schiffe)

SMS Panther
19.10.1884/13.06.1885/31.12.1885, Amstrong, Elswick; in St. Germain England zugesprochen und in den 1920-er Jahren in Italien abgebrochen.
SMS Leopard
04.12.1884/10.09.1885/31.03.1886, Amstrong, Elswick; in St. Germain England zugesprochen und in den 1920-er Jahren in Italien abgebrochen.

Anmerkungen: Typisiert als »Torpedokreuzer«, ursprünglich auch als »Torpedoschiffe« bezeichnet, hatten diese Schiffe eine sehr eigenwillige Konstruktion. Mit einer Verdrängung von nur etwas über 1500 t waren sie für einen Kreuzer sehr klein, frühere »Torpedoschiffe« waren jedoch wesentlich kleiner, obwohl auch diese gelegentlich in der Kategorie Kreuzer geführt werden (s. »Lussin« und »Zara«-Klasse).
Aufbauend auf den Gedanken der Jeune École (und ihrer in Österreich-Ungarn zeitweise sehr nachhaltigen Umsetzung), wurde eine ganze Typenfamilie von Torpedoträgern geschaffen und auch gebaut, beginnend bei den schon beschriebenen »Torpedo-Rammkreuzern« als Flottillenführern, gefolgt von »Torpedokreuzern«, »Torpedoschiffen« und »Torpedobooten«.
Diese Torpedoschiffe sollen das Vorfeld aufklären, im Gefecht die Verbindung zwischen den Flottillen herstellen, eigene Torpedoboote beschützen und Jagd auf feindliche Torpedoboote machen. Wie die späteren Torpedo-Rammkreuzer fallen auch diese Torpedoschiffe in die Zeit des Oberkommandos von Admiral Daublebsky von Sterneck, dem hier mit dem Torpedokreuzer ein 1500-t-Schiffstyp vorschwebte, der feindliche Hauptkampfschiffe mit Torpedos selbst angreifen konnte, dazu aber auch für bewaffnete Aufklärung und Patrouillenfahrten geeignet sein sollte, d.h. im Prinzip eine Kombination von großem Torpedoboot (bzw. späterem Zerstörer) und Kreuzer.
Die vier Torpedorohre waren nach allen Seiten ausgerichtet, je ein 35-cm-Rohr am Bug, Heck sowie Backbord und Steuerbord. Die Artilleriebewaffnung war mit nur 2 x 12-cm-Geschützen L/35 C80 (von Krupp) dagegen sehr bescheiden gestaltet.
Aufgrund der schlechten Erfahrungen mit den lokal gebauten Torpedofahrzeugen der »Zara«-Klasse wurden die Schiffe in England in Auftrag gegeben, da man damals glaubte, dort schiffbaulich noch lernen zu können. Sie wurden dann aber mit erheblichen Baumängeln geliefert (u.a. unausgeglichene Gewichtsverteilung durch einen Konstruktionsfehler). Unnötigerweise bestand noch die Anforderung der k.u.k. Marineführung für eine Hilfsbesegelung (263 m² Gesamtfläche), sie entsprach überhaupt nicht mehr der Zeit.

Technische Daten	Panther-Klasse (2 Schiffe)
Stapelläufe	1885
Abmessungen	
Länge	71,4 m (über alles: 73,4 m)
Breite	10,4 m
Tiefgang	4,3 m
Verdrängung	1.582 ts (Konstruktion), 1.730 t (maximal)
Maschinenanlage	Zwei stehende 2-Zylinder-Expansions-Dampfmaschinen, 4 Doppelender-Zylinderkessel, 2 Kamine
Maschinenleistung	9.000 PS, Höchstgeschwindigkeit 19 Knoten, 2 Wellen
Bewaffnung	2 × 12-cm-L/35 Krupp, 6 x 4,7-cm-L/44 und 4 x 4,7-cm-L/33-Schnellfeuerkanonen zur Torpedoboot-Abwehr (mit späteren Abänderungen in der Anzahl); 1909 die alten 12-cm-L/35 ersetzt durch 4 x 7-cm-L/45 Škoda, 4 × Torpedorohre 35 cm (1 Bug, 1 Heck, 2 an den Seiten; über Wasser; Heckrohr 1909 entfernt)
Panzerung	Deck 12 mm
Besatzung	190 Mann

1903 erfolgte die Neuklassifizierung zum »Kreuzer III. Klasse« und 1909 zum »Kleinen Kreuzer«. Insgesamt stets beschränkter Kampfwert, trotz geringer Größe absolvierten beide Schiffe viele Übersee-Einsätze.

Name: Raubtiere.

Erster Weltkrieg und Verbleib: Im Krieg nur mehr zu Schul- und Bewachungsaufgaben im Hafenbereich verwendet.

SM Torpedokreuzer »Panther«, olivgrün gestrichen.

SM Torpedokreuzer »Leopard« eingedockt, noch im viktorianischen Anstrich. Man beachte das Überwasser-Torpedorohr am Bug.

Steuerbord-Ansicht von SMS »Panther«, im Hafen liegend.

3.2 Kleine Kreuzer

a. Zenta-Klasse (3 Schiffe)

SMS Zenta.
08.08.1896/18.08.1897/25.05.1899, Seearsenal Pola; am 16.8.1914 vor Montenegro in einem Gefecht mit dem Gros der französischen Mittelmeer-Flotte durch schwere Artillerie versenkt.
SMS Aspern
04.10.1897/03.05.1899/29.05.1900, Seearsenal Pola; in St. Germain Italien zugesprochen und in den 1920-er Jahren in Italien abgebrochen.
SMS Szigetvár
26.05.1899/29.10.1900/30.09.1901, Seearsenal Pola; in St. Germain England zugesprochen und in den 1920-er Jahren in Italien abgebrochen.

Anmerkungen: Vom Typ her waren diese Schiffe klassische »Kleine Kreuzer«, wie sie in dieser Art in allen großen Marinen zahlreich im Einsatz waren. Sie waren jedoch im Verhältnis relativ langsam und dazu besonders schwach gepanzert, wodurch sie nur beschränkten Wert in der Flotte hatten. Ein Jahrzehnt nach ihrem Bau konnten sie daher bereits als relativ veraltet bezeichnet werden. Ihre große Reichweite war schon eine Konstruktionsvorgabe, weshalb sie auch sehr viel in Übersee verwendet wurden. Die Schiffe galten als sehr seetüchtig und blieben auch bei schwerer See recht trocken. Als Artillerie wurden nun ausschließlich heimische Geschütze von Škoda in Pilsen eingebaut, Kaliber 12-cm-L/40 K96. Das Geschützmodell wurde in Pilsen entwickelt, hatte Ähnlichkeiten mit Krupp-Modellen, aber u.a. einen völlig anderen Verschluss. Eigenwillig und charakteristisch war auch die ungewöhnliche Form des Schutzschildes. Die Durchschlagskraft des Geschützmodells galt als recht gut.
Die Schiffe hatten keinen Gürtelpanzer (ausgenommen »Aspern« einen schwachen aus Muntzmetall, einer 1832 patentierten Messinglegierung), aber ein leichtes Panzerdeck mit 25–50 mm für die wichtigsten Bereiche.
Völlig unnötig war, dass die Marineführung weiterhin auf einer Hilfsbesegelung (von insgesamt 586 m² Gesamtfläche) bestand, die schon längst überflüssig war und in der Praxis nie verwendet wurde.
Das Typschiff »Zenta« trug seitens Österreich-Ungarns die Hauptlast der Gefechte beim Boxeraufstand in China 1900. Der Kommandant, Fregattenkapitän von Montalmar, und drei Mann fielen (bei den Kämpfen gegen die Aufständischen in Peking), mehrere erlagen später noch ihren Verletzungen.
1914 waren die Schiffe zwar veraltet, aber noch nicht völlig wertlos.

Name: Benannt nach Schlachten: Zenta 1697, Aspern 1809 und Szigetvár 1566.

Technische Daten	Zenta-Klasse (3 Schiffe)
Stapelläufe	1897–1900
Abmessungen	
Länge	96 m (über alles: 97,9 m) Aspern: 96,4 m (über alles 97,5 m)
Breite	11,8 m; Aspern: 11,9 m
Tiefgang	4,2 m; Aspern: 4,5 m
Verdrängung	2.313 ts (Konstruktion), 2.503 ts (maximal) Aspern: 2.417 ts (Konstruktion), 2.523 ts (maximal)
Maschinenanlage	Zwei stehende 4-Zylinder-Dreifach-Expansions-Dampfmaschinen, 8 Yarrow Wasserrohr-Kessel, 2 Kamine
Maschinenleistung	7200 PS, Höchstgeschwindigkeit 21 Knoten, 2 Wellen
Bewaffnung	8 × 12-cm-L/40 Škoda, 8 x 4,7-cm-L/44 und 2 x 4,7-cm-L/33-Schnellfeuerkanonen zur Torpedoboot-Abwehr (mit späteren Abweichungen); im Krieg 7-cm-L/50-Škoda-Flak vorgesehen (nicht mehr eingebaut), 2 × 45-cm-Torpedorohre (Seiten; über Wasser)
Panzerung	Panzerdeck 25–50 mm, Kommandobrücke 25 mm; nur Aspern: Wasserlinie 20 mm Teakholzschicht und darauf Platten aus Muntzmetall (über 100 ts Mehrgewicht)
Besatzung	290–310 Mann

Stapellauf des Kleinen Kreuzers »Aspern« am 03. Mai 1899 im Seearsenal Pola, Doppel-Schiffbauhalle auf der Oliveninsel; alle drei Kreuzer der Klasse wurden hier gebaut.

Erster Weltkrieg: SMS »Zenta« war bei Kriegsausbruch der 1. Kreuzer-Division der Kreuzer-Flottille in der Bocce zugeteilt und unternahm Beschießungen von Landzielen in Montenegro. Am 16. August 1914 lief sie zur Blockade von Montenegro aus und geriet in einen riesigen feindlichen Flottenverband, der ihr sofort den Rückweg abzuschneiden versuchte und das Schiff, nach erbittertem Widerstand, versenkte. Das Feuer der erdrückenden Übermacht war schlecht koordiniert, es bedurfte Unmengen von Munition (inklusive 500 großkalibriger Geschosse), bis »Zenta« kampfunfähig geschossen wurde. 173 Mann fielen, 139 konnten an die Küste Montenegros schwimmen, es gab keine Rettungsversuche der Franzosen (die Kriegsgefangenen kehrten nach dem Fall Montenegros Anfang 1916 nach Österreich-Ungarn zurück). Die beiden verbleibenden Einheiten wurden im Krieg noch mehrfach zu Kampfeinsätzen verwendet, wegen geringer Geschwindigkeit und nach Verlust von SMS »Zenta« 1914 aber sehr viel vorsichtiger eingesetzt. Beide Schiffe wurden im Frühjahr 1918 an das Seeminenbezirkskommando als Wohnschiffe abgegeben.

SMS »Zenta« in Schanghai im weißen Missionsanstrich.

SM Kreuzer »Szigetvár«, hellgrau, aufgenommen 1917.

SMS »Zenta« in Pola im hellen Anstrich, wahrscheinlich 1899 vor dem Übersee-Einsatz, bei dem das Schiff in die Wirren des Boxer-Aufstandes in China geriet.

SM Kreuzer »Aspern« in den USA 1907.

SMS »Szigetvár«, eingedockt, Heckansicht. Nur »Szigetvár« führte in dieser Klasse eine solche Heckzier.

Vorderes 12-cm-L/40-Geschütz und Brücke von SMS »Aspern«.

3.3. Rapidkreuzer

a. Ersatz Zenta-Klasse-Klasse (3 Schiffe; nur projektiert)

Kreuzer K
Baubeginn geplant 1914.
Kreuzer L
Baubeginn geplant 1914.
Kreuzer M
Baubeginn geplant 1914.

Drei Schiffe, entworfen als Weiterentwicklung der Rapidkreuzer der »Novara«-Klasse und ebenfalls mit Turbinenantrieb ausgestattet, sollten im Sommer 1914 in Bau genommen werden. Die marineinterne Bezeichnung lautete »Ersatz Zenta«-Klasse, zur Bewaffnung gehörten 14 x 12-cm-Geschütze L/50, eine Neuentwicklung von Škoda (im Krieg gab es auf dem Papier Überlegungen zur Bewaffnung mit einem verstärkten Kaliber 15 cm L/50); dazu kamen vier 53,3-cm-Torpedorohre an Deck.
Als Verdrängung waren 4.872 ts (Konstruktion) und 5.522 ts (maximal) vorgesehen, d.h. die Rapidkreuzer sollten deutlich größer als die Vorgänger-Klasse werden.
Panzerung: Gürtel 20 mm, Deck 39 mm (auch hier gab es im Krieg auf dem Papier Überlegungen zu einer deutlichen Verstärkung mit einer Gürtelpanzerung von stellenweise bis zu 150 mm). Eines der drei Schiffe hätte in Friedenszeit als Jachtkreuzer für Thronfolger Franz Ferdinand ausgestattet werden sollen (mit edlen Wohneinrichtungen im Heckbereich); die Marineführung hatte sich lang gegen die Idee gewehrt, musste aber schließlich nachgeben.
Es fanden nur Bauvorbereitungen statt, eine Bauvergabe wurde 1914 formell nicht mehr erteilt. Eine Weiterführung des Projekts verhinderte der Kriegsausbruch. Škoda baute noch einen Prototyp des für die Klasse vorgesehenen 12-cm-G L/50-Geschützes fertig.

Technische Daten	Ersatz Zenta-Klasse-Klasse (3 Schiffe geplant)
Stapelläufe	geplant ab ca. 1916 (keiner erfolgt)
Abmessungen	
Länge	151,2 m
Breite	13,7 m
Tiefgang	6,4 m
Verdrängung	4.872 ts (Konstruktion), 5.522 ts (maximal)
Maschinenanlage	Zwei Dampfturbinen, 4 Kamine
Maschinenleistung	30.000 PS, Höchstgeschwindigkeit 30,1 Knoten, 2 Wellen
Bewaffnung	14 x 12-cm-Geschütze L/50 Škoda; 1 x 7-cm-L/50-Škoda-Flak, 4 x 53,3-cm-Torpedorohre an Deck
Panzerung	Gürtel 20 mm, Panzerdeck 39 mm
Besatzung	400 Mann

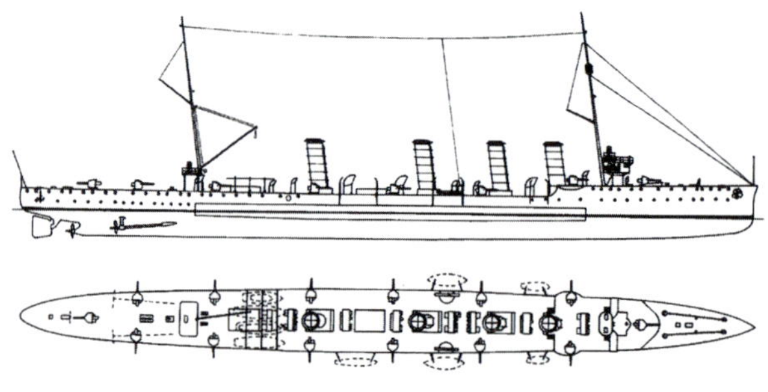

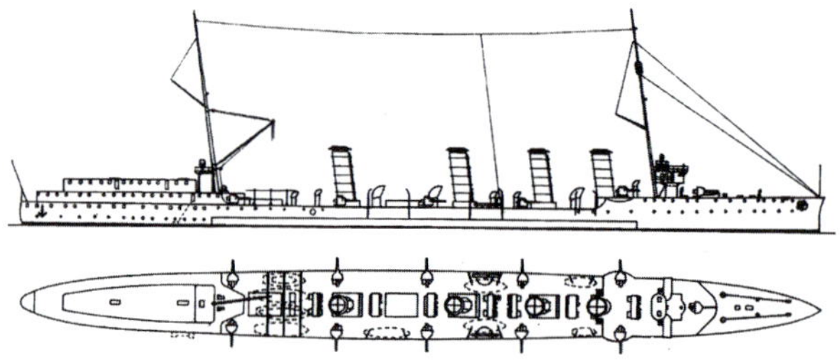

Kreuzer Projekt – Ersatz Zenta-Klasse, Kreuzer K, L und M – darunter Version als Jachtkreuzer (Zeichnungen Prof. E. Sieche).

b. Novara-Klasse (3 Schiffe)

SMS Saida
09.09.1911/26.10.1912/01.08.1914, CNT Monfalcone; in St. Germain Italien zugesprochen und 1920 als Kreuzer »Venezia« von italienischer Marine übernommen, 1930 a.D., 1937 abgebrochen.
SMS Helgoland
28.10.1911/23.11.1912/29.08.1914, Danubius, Fiume; in St. Germain Italien zugesprochen und 1920 als Kreuzer »Brindisi« von italienischer Marine übernommen, 1929 a.D. und 1937 abgebrochen.
SMS Novara
09.02.1912/15.02.1913/01.10.1915, Danubius, Fiume; in St. Germain Frankreich zugesprochen und als Kreuzer »Thionville« von der französischen Marine übernommen, war bis 1932 in Dienst, danach stationäres Schulschiff in Toulon und wurde 1941 zum Abbruch verkauft.

Anmerkungen: Verbesserte und weiterentwickelte Rapidkreuzer auf Basis des Prototyps »Admiral Spaun«, auch mit Turbinenantrieb ausgestattet, allerdings ebenfalls mit dem zu kleinen Kaliber 10 cm versehen, dafür gegenüber Vorgänger zumindest mit 9 statt nur 7 Geschützen (wieder in Einzeltürmen) bewaffnet. Verwendet wurde wie bei »Admiral Spaun« das von Škoda gebaute Geschützmodell 10-cm-L/50, nun aber in der etwas modernisierten Version K11. Pläne im Krieg zur Verbesserung der Bewaffnung durch 2 x 15-cm-L/50 als Ersatz für zwei der 10-cm-L/50-Geschütze unterblieben (wie auch beim Vorgänger). Ansonsten eine sehr gelungene Konstruktion.
Durch Weiterentwicklung der Turbinentechnik – weg von den komplizierten Mehrwellen-Aggregaten zu einfacheren Einwellen-Aggregaten – war eine deutliche Gewichtseinsparung möglich, u.a. durch Entfall der Marsch-Turbinen des Vorgängers (und damit der beiden inneren Wellen).
Die königlich ungarische Regierung bestand auf den Bau von zwei Schiffen in Fiume.

Namen: Benannt nach Schlachten des 19. Jahrhunderts (bezüglich SMS »Helgoland« hatte der Kaiser bereits bei der gleichnamigen vorangegangenen Korvette ausdrücklich festhalten lassen, dass die Benennung nach dem Seegefecht 1864 erfolge, nicht nach der Insel, und hatte den Namen mit dem Zusatz »9. Mai 1864« genehmigt).

Technische Daten	Novara-Klasse (3 Schiffe)
Stapelläufe	1912–1913
Abmessungen	
Länge	129,65 m (über alles: 130,6 m)
Breite	12,7 m
Tiefgang	4,9 m
Verdrängung	3.445 ts (Konstruktion), 3.947 ts (maximal)
Maschinenanlage	Zwei AEG-Curtis Dampfturbinen (Saida: 2 Melms-Pfenninger Dampfturbinen), 16 Yarrow-Wasserrohr-Kessel, 4 Kamine
Maschinenleistung	29.000 PS, Höchstgeschwindigkeit 27 Knoten, 2 Wellen
Bewaffnung	9 × 10-cm-L/50 Škoda, ab 1916 zusätzlich 1 x 7-cm-L/50-Škoda-Flak, 6 × 53,3-cm-Torpedorohre (in 3 Doppelrohren an Deck; 2 an Seiten, 1 Heck); ursprünglich z.T. Kaliber 45 cm
Panzerung	Gürtel 60 mm, Panzerdeck 20 mm, Türme 40 mm Schutzschilde, Kommandobrücke 60 mm
Besatzung	350 Mann

SMS »Saida«, Backbordansicht.

Erster Weltkrieg: Nach recht intensiven Kriegseinsätzen aller drei Einheiten (u.a. Seegefecht von Otranto am 15. Mai 1917) wurden »Novara« in St. Germain Frankreich und die beiden anderen Schiffe Italien zugesprochen; alle kamen noch in den aktiven Dienst der jeweiligen Marinen.

SM Rapidkreuzer »Novara« in der Bocce di Cattaro, dem Hauptliegeplatz dieser schnellen Kreuzer im Ersten Weltkrieg.

SMS »Saida« in der Bucht von Pola.

Detailansicht des Bugs der »Novara«; eingedockt nach dem Seegefecht von Otranto.

Links: Nach dem Seegefecht von Otranto 1917: Treffer im Kohlenbunker von SMS »Novara«.

Blick auf die recht eigenwillig am Heck aufgestellten Torpedo-Lancierrohre der Klasse, hier der Rapidkreuzer SMS »Saida«, mit Schwesterschiff »Novara« im Schlepp, nach dem Seegefecht von Otranto im Mai 1917, kurz vor dem Einlaufen.

SMS »Helgoland«, vordere Schiffshälfte, aufgenommen am 06. Februar 1916; links dahinter der Panzerkreuzer »Sankt Georg«.

c. Admiral Spaun-Klasse (1 Schiff)

SMS Admiral Spaun
30.05.1908/30.10.1909/15.11.1910, Seearsenal Pola; St. Germain England zugesprochen und nach Verkauf an italienische Abbruchfirma dort 1922 abgewrackt.

Anmerkungen: Erst etwa ein Jahrzehnt nach dem Bau der »Zenta«-Klasse lief in Österreich-Ungarn 1908 wieder ein Kleiner Kreuzer vom Stapel, der nun in Design und auch bezüglich Geschwindigkeit (Turbinenantrieb) international »state of the art« war. In der k.u.k. Marine wurde dieser verbesserte Kreuzer als »Rapidkreuzer« typisiert. Er war sehr gut für schnelle, eigenständige Operationen geeignet. Hauptproblem war das zu niedrige Kaliber der Hauptartillerie von 10 cm (Vorgängerklasse 12 cm), während international der Trend bei Kleinen Kreuzern in Richtung moderner 15-cm-Schnellfeuerkanonen ging. Verwendet wurde das von Škoda gebaute neue Geschützmodell 10-cm-L/50 K10 in Form von sieben Einzeltürmen. Der Hauptgrund für das niedrige Kaliber war die Überlegung, dass der Typ aufgrund der hohen Geschwindigkeit jedem Seegefecht mit artilleristisch überlegenen Einheiten ohnehin ausweichen können würde.
»Admiral Spaun« blieb ein Einzelgänger, hatte als Typschiff einer neuen Antriebsgeneration gelegentlich noch Maschinenprobleme, die erst mit der Zeit besser in den Griff gebracht werden konnten. Die Maschinenanlage, die auf vier Wellen wirkte, war viel komplexer als die der Nachfolgeklasse und umfasste sechs Turbinen, davon zwei Marschturbinen.
Er erhielt als einziger Rapidkreuzer bei Indienststellung noch den olivgrünen Schiffsanstrich.
Die Torpedobewaffnung bestand ursprünglich aus 45-cm-Torpedos. Im Jahr 1915 wurde das Kaliber und die

Technische Daten	Novara-Klasse (1 Schiff)
Stapelläufe	1909
Abmessungen	
Länge	129,6 m (über alles: 130,6 m)
Breite	12,8 m
Tiefgang	4,6 m
Verdrängung	3.384 t (Konstruktion), 3.944 t (maximal)
Maschinenanlage	Sechs Parsons Dampfturbinen (davon zwei Marschturbinen), 16 Yarrow-Wasserrohr-Kessel, 4 Kamine
Maschinenleistung	25.000 PS, Höchstgeschwindigkeit 27 Knoten, 4 Wellen
Bewaffnung	7 x 10-cm-L/50 Škoda; ab 1916 zusätzlich 1 x 7-cm-L/50-Škoda-Flak, 8 x 53,3-cm-Torpedorohre (in 4 Doppelsätzen an Deck; seitlich; ursprünglich Kaliber 45 cm)
Panzerung	Gürtel 60 mm, Panzerdeck 20 mm, Türme 40 mm Schutzschilde, Kommandobrücke 50 mm
Besatzung	330 Mann

Blick über das Deck von SMS »Admiral Spaun«.

»Admiral Spaun«, Backbord-Ansicht mit hellgrauem Anstrich.

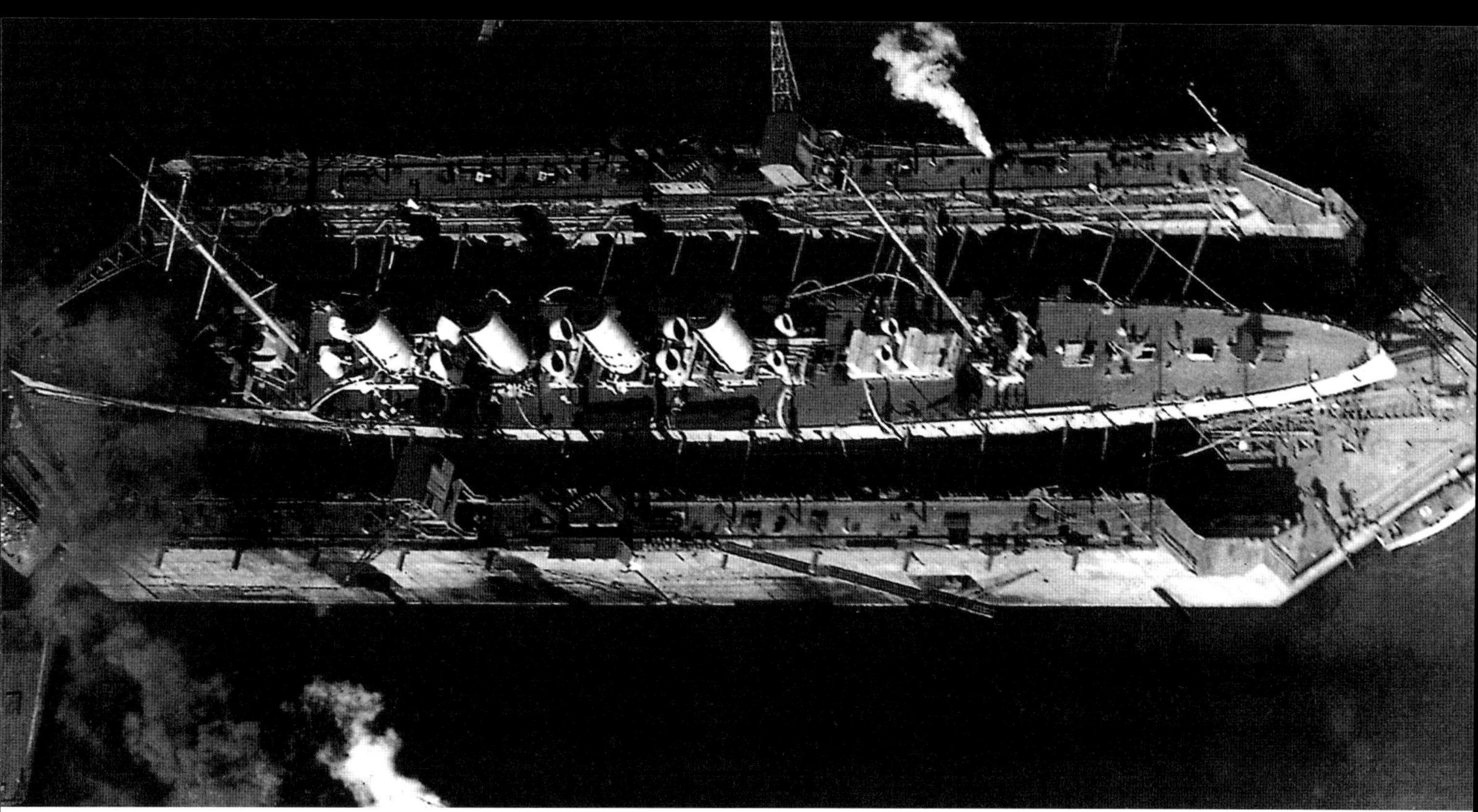

Luftaufnahme von SMS »Admiral Spaun« eingedockt in Pola.

Steuerbord-Seitenansicht von »Admiral Spaun«, olivgrün gestrichen. Das Schiff blieb ein Einzelgänger, die verbesserte Folgeklasse umfasste dann drei Schiffe.

Anzahl der Rohre (auf acht) verstärkt. Das Schiff war zur Aufnahme von 60 Minen geeignet.

Namen: Benannt nach Admiral Hermann Freiherr von Spaun, Marinekommandant von 1898 bis 1904. Er war der einzige lebende Namensgeber eines Kriegsschiffes der k.u.k. Marine, der nicht zugleich Angehöriger des Kaiserhauses war. (Kaiser Franz Joseph soll ein schlechtes Gewissen gehabt haben, weil er 1904 voreilig seine erbetene Versetzung in den Ruhestand angenommen hatte).

Erster Weltkrieg: Mehrfach zu Kampfeinsätzen (wie Küstenbeschießungen und diversen Sicherungsaufgaben) eingesetzt, wegen unzuverlässiger Maschinenanlage aber seltener zu solchen verwendet als die drei Schiffe der Nachfolge-Klasse.

4. Zerstörer und Torpedoboote

4.1. Torpedobootszerstörer

Hier werden 24 gebaute und 8 geplante Schiffe dieses Typs behandelt. Der Begriff »Zerstörer« wurde in England als Reaktion auf die Entwicklung des Torpedobootes »erfunden«, das von diesem Schiffstyp zerstört werden sollte und ist eine wörtliche deutsche Übersetzung des englischen Wortes »Destroyer« bzw. ursprünglich »Torpedoboat-destroyer«. Gleichzeitig sollte das Schiff selbst für schnelle Torpedoangriffe geeignet sein.
Nach der nur als Irrweg zu bezeichnenden Entwicklung der »Torpedofahrzeuge« (s. entsprechende Kapitel) kaufte Österreich-Ungarn 1904 bei Yarrows in London eine Art Vorbauschiff eines Zerstörer-Typs (»Huszár«-Klasse) mit 400 t Verdrängung und 28 Knoten Geschwindigkeit, der ausreichend Artilleriebewaffnung besaß, die viel kleineren Torpedoboote erfolgreich abzuwehren bzw. anzugreifen, und selbst über Torpedobewaffnung verfügte. Die Klasse sollte 12 Schiffe umfassen, insgesamt wurden sogar 14 gebaut (alle Folgebauten auf heimischen Werften). Die Entwicklung des Typs Zerstörer schritt international aber schnell voran.
Erst die danach, ab 1910 in Österreich-Ungarn lokal entworfenen und gebauten 800-t-Zerstörer der »Tátra«-Klasse, ausgestattet mit modernem Turbinenantrieb und über 32 Knoten Geschwindigkeit, können als »state of the art« bezeichnet werden. Sie wurden bei Ganz Danubius in der ungarischen Reichshälfte gefertigt und waren gemeinsam mit den Rapidkreuzern das Rückgrat der schnellen Einheiten für Überwasser-Kampfeinsätze in der Adria im Ersten Weltkrieg. Es wurden vor dem Krieg sechs Einheiten und vier weitere im Krieg gebaut.
Bei Kriegsende 1918 war in Österreich-Ungarn kein Torpedobootszerstörer in Bau, die formelle Bauvergabe war mehrfach an der verlangten Materialbereitstellung gescheitert.

a. Verstärkter Typ Tátra (8 Schiffe; nur projektiert)

Schiff I bis VIII
Danubius Fiume; Bau nicht mehr begonnen.

Nach Fertigstellung der vier Schiffe der verbesserten »Tátra«-Klasse Ende 1917 wurden in Österreich-Ungarn vorerst keine neuen Torpedobootszerstörer mehr auf Kiel gelegt. Die Marineführung forderte jedoch bereits im Juni 1917 den Bau von acht weiteren Einheiten eines verstärkten Typs »Tátra«, z.T. auch verbesserte »Lika«-Klasse genannt, mit 12-cm-Geschützen als Artilleriebewaffnung, 2 x 2 53,3-cm-Torpedorohren an Deck, Dampfturbinenantrieb mit Ölfeuerung, 32,5 Knoten Höchstgeschwindigkeit und einer Reichweite von 1500 Seemeilen bei 20 Knoten. Im Dezember 1917 sollte die Bestellung der ersten vier Einheiten erfolgen, kam aber nicht zustande. Die Verhandlungen mit Ganz Danubius in Fiume liefen bis Kriegsende, offizielle Bauaufträge erfolgten aber aufgrund von Materialmangel nicht mehr.

Technische Daten	Verstärkter Typ Tátra (8 geplant)
Stapelläufe	keine erfolgt
Abmessungen	
Länge	85,3 m
Breite	8,2 m
Tiefgang	3,2 m
Verdrängung	880 ts (Konstruktion), 1.050 ts (maximal)
Maschinenanlage	Zwei AEG-Curtis-Dampfturbinen; gemischte Kohle- und Ölfeuerung, 6 Yarrow-Kessel, 3 Kamine
Maschinenleistung	20.500 PS, Höchstgeschwindigkeit 32,5 Knoten, 2 Wellen
Bewaffnung	2 bis 3 × 12-cm-L/50 Škoda, 4 x 7-cm-L/45 Škoda, 2 × 2 Torpedorohre 53,3 cm (an Deck)
Panzerung	keine
Besatzung	ca. 115 Mann

b. Verbesserte Tátra-/Ersatz Triglav-Klasse (4 Schiffe)

SMS Triglav (II)
8-1916/24.02.1917/16.06.1917, Danubius Fiume; 1920 an Italien; dort »Grado«; 1927 gestrichen; Abbruch.
SMS Lika (II)
8-1916/08.05.1917/05.09.1917, Danubius Fiume; 1920 an Italien; dort »Cortellazzo«; 1937 gestrichen; Abbruch.
SMS Dukla
9-1916/18.07.1917/07.11.1917, Danubius Fiume; 1920 an Frankreich; dort »Matelot Leblanc«; 1936 gestrichen; Abbruch.
SMS Uzsok
9-1916/26.09.1917/22.12.1917, Danubius Fiume; 1920 an Italien; dort »Monfalcone«; 1939 gestrichen; Abbruch.

Anmerkungen: Gelegentlich auch als »Lika«-Klasse bezeichnet. Offiziell wurde die Bauserie als Ersatz für die Ende 1915 gesunkenen Einheiten »Triglav« und »Lika« in Auftrag gegeben, die beiden Namen wurden auch erneut vergeben. Die Nachbeschaffung wurde weitgehend 1917 bei Danubius in Fiume abgewickelt, insgesamt wurden vier Einheiten gebaut.

Namen: Topographische Begriffe in Österreich-Ungarn (zwei davon für davor verloren gegangene Einheiten).

Erster Weltkrieg: Die Schiffe wurden sehr umfassend eingesetzt. Sie waren Nachfolger der erfolgreichen »Tátra«-Klasse, den modernsten Zerstörern, die der k.u.k. Marine im Ersten Weltkrieg zur Verfügung standen.

Technische Daten	Verbesserte Tátra-/ Ersatz Triglav-Klasse (4 Schiffe)
Stapelläufe	1917
Abmessungen	
Länge	85,3 m
Breite	8,2 m
Tiefgang	3,2 m
Verdrängung	880 ts (Konstruktion), 1.050 ts (maximal)
Maschinenanlage	Zwei AEG-Curtis-Dampfturbinen; gemischte Kohle- und Ölfeuerung (104 t Kohle und 125 t Öl), 6 Yarrow-Kessel, 3 Kamine
Maschinenleistung	20.650 PS, Höchstgeschwindigkeit 32,5 Knoten, 2 Wellen
Bewaffnung	2 × 10-cm-L/50 Škoda, 6 x 7-cm-L/45 Škoda (davon 2 als Flak), 2 × 2 Torpedorohre 45 cm (an Deck)
Panzerung	keine
Besatzung	115 Mann

Unten rechts: Eine Aufnahme von »Lika (II)«, datiert vom 20. Dezember 1917.

Unten: Torpedobootszerstörer bzw. Zerstörer »Triglav (II)«, im Jahr 1917 aufgenommen.

Eine Aufnahme vom Vorschiff des Zerstörers »Dukla«; Aufnahme vor Biograd, datiert mit 05. April 1918.

Seitenansicht von SMS »Uzkok«, des letzten in Österreich-Ungarn gebauten Zerstörers.

Foto auf das Deck von SMS »Dukla«, vom Mast aus aufgenommen; gut zu erkennen die doppelten Torpedo-Lancierrohre und die 7-cm-L/45-Geschütze im Mittschiffsbereich. Die »7-cm-Geschütze« der k.u.k. Marine haben übrigens ein Geheimnis: ihr tatsächliches Kaliber war 6,6 cm. Sie wurden aber amtlich (und in der gängigen Fachliteratur) als »7-cm-Geschütze« geführt.

SMS »Dukla« fotografiert im April 1918 vor Biograd (Weißenburg) bei Zadar.

c. Tátra-Klasse (6 Schiffe)

SMS Tátra
10-1911/05.11.1912/12.10.1913, Danubius Fiume; 1920 an Italien; dort »Fasana«; nicht i.D., Ersatzteillager für andere Zerstörer; 1923 gestrichen; Abbruch.
SMS Balaton
11-1911/16.11.1912/28.10.1913, Danubius Fiume; 1920 an Italien; dort »Zenson«; nicht i.D., Ersatzteillager für andere Zerstörer; 1923 gestrichen; Abbruch.
SMS Csepel
1-1912/30.12.1912/29.12.1913, Danubius Fiume; 1920 an Italien; dort »Muggia«; ab 1927 Stationsschiff in Schanghai; 27.09.1920 bei Amoy im Nebel gestrandet; Totalverlust.
SMS Lika (I)
4-1912/15.03.1913/08.08.1914, Danubius Fiume; gesunken am 29.12.1915 (Mine vor Durazzo, Albanien).
SMS Triglav (I)
8-1912/22.12.1913/08.08.1914, Danubius Fiume; gesunken am 29.12.1915 (Mine vor Durazzo, Albanien).
SMS Orjen
9-1912/26.08.1913/11.08.1914, Danubius Fiume; 1920 an Italien; dort »Pola«; 1931 umbenannt in »Zenson (II)«, 1937 gestrichen; Abbruch.

Anmerkungen: Nach langem Entscheidungsprozess auf Basis einer (ursprünglich internationalen) Ausschreibung im Jahr 1909 für sechs 800-t-Zerstörer, ausgestattet mit modernem Turbinenantrieb und 32,5 Knoten Geschwindigkeit, wurden diese Schiffe bei Ganz Danubius in der ungarischen Reichshälfte 1911 geordert (nach massivem Druck der ungarischen Regierung). Bauverzögerungen gab es wegen der mangelnden Erfahrung von Ganz & Co. im Turbinenbau. Trotzdem waren sie eine sehr gelungene Konstruktion und Bauausführung eines modernen Zerstörer-Typs. Zwischen Oktober 1913 und August 1914 wurden sie von der k.u.k. Kriegsmarine übernommen.
Die Artilleriebewaffnung bestand aus zwei 10-cm-L/50-K 11-Geschützen, ein Modell, das auch die Rapidkreuzer verwendeten, sowie sechs 7-cm-L/45 (davon zwei als Flak) sowie zwei doppelten Lancierapparaten für 45-cm-Torpedos an Deck.
Die Schiffe bildeten im Ersten Weltkrieg die 1. Torpedofahrzeug-Division. »Csepel« erreichte bei Probefahrten 32,9 Knoten.

Namen: Benannt nach Bergen, Seen und Inseln in Österreich-Ungarn.

Erster Weltkrieg: Die Schiffe wurden sehr umfassend eingesetzt und hatten zahlreiche Gefechtsteilnahmen. »Triglav« und »Lika« gingen Ende 1915 in einem Minenfeld vor Durazzo (Durrës), Albanien verloren: »Lika« sank nach zwei Minentreffern, »Triglav« wurde nach einem Minentreffer abgeschleppt, musste aber nach Annäherung feindlicher Kräfte selbst versenkt werden. Der Verlust dieser beiden kampfkräftigen Einheiten traf die Marine schwer, die unbedingt (und erfolgreich) auf Ersatz drängte.

Technische Daten	Tátra-Klasse (6 Schiffe)
Stapelläufe	1912–1913
Abmessungen	
Länge	85,3 m
Breite	7,8 m
Tiefgang	3,2 m
Verdrängung	850 ts (Konstruktion), 1.050 ts (maximal)
Maschinenanlage	Zwei AEG-Curtis-Dampfturbinen; gemischte Kohle- und Ölfeuerung (104 t Kohle und 125 t Öl), 6 Yarrow-Kessel
Maschinenleistung	20.600 PS, Höchstgeschwindigkeit 32,5 Knoten, 2 Wellen
Bewaffnung	2 × 10-cm-L/50 Škoda, 6 x 7-cm-L/45 Škoda (davon 2 als Flak), 2 x 2 Torpedorohre 45 cm (an Deck)
Panzerung	keine
Besatzung	105 Mann

SMS »Tátra«, aufgenommen im Krieg in der südlichen Adria.

Torpedobootszerstörer SMS »Tátra« und »Balaton« in Bau bei Ganz Danubius; der Bau erfolgte auf dem Betriebsgelände in Porto Ré (Kraljevica), etwas südlich von Fiume (Rijeka). Offiziell wurden sie meist Torpedofahrzeuge genannt.

Seitenansicht des Zerstörers SMS »Csepel«. Der zeitweise verwendete einzelne farbige Ring (hier hellblau) am zweiten Kamin bezeichnet die Zugehörigkeit zur Einheit, nämlich hier 1. Torpedodivision, 1. Fahrzeuggruppe (zwei Ringe dann für zweite Fahrzeuggruppe etc.). Es gab auch senkrechte Streifen.

Zerstörer SMS »Balaton« in schneller Fahrt.

Links: SMS »Orjen«; Heckansicht, aufgenommen am 07. September 1916 im Pola, beim Schleppen rückwärts zur Eindockung.

d. Huszár-Klasse (14 Schiffe)

SMS Huszár (I)
09-1904/31.03.1905/19.09.1905, Yarrows, London; gestrandet am 12.12.1908 (Riff); Totalverlust.
SMS Ulan
27.09.1905/08.04.1906/21.09.1906, STT Triest; 1920 an Griechenland; dort »Smirni«; 1931 gestrichen; Abbruch.
SMS Streiter
31.10.1905/16.06.1906/31.12.1906, STT Triest; gesunken am 16.4.1918 (Kollision; bei einer Geleitfahrt bei Medveja, vor der Ostküste Istriens, vom Dampfer »Petka« gerammt).
SMS Wildfang
07.02.1905/29.08.1906/15.06.1907, STT Triest; gesunken am 04.06.1917 (Treibmine im Golf von Triest).
SMS Scharfschütze
12.04.1906/05.12.1906/15.09.1907, STT Triest; 1920 an Italien; Abbruch.
SMS Uskoke
01.09.1906/20.07.1907/31.12.1907, STT Triest; 1920 an Italien; Abbruch.
SMS Turul
27.07.1907/09.08.1908/31.12.1908, Danubius Fiume; 1920 an Italien; Abbruch.
SMS Pandur
02.08.1907/25.10.1908/31.01.1909, Danubius Fiume; 1920 an Frankreich; Abbruch.
SMS Csikós
21.02.1908/24.01.1909/16.11.1909, Danubius Fiume; 1920 an Italien; Abbruch.
SMS Réka
13.08.1908/28.04.1909/31.12.1909/31.12.1909, Danubius Fiume; 1920 an Frankreich; Abbruch.
SMS Dinara
28.01.1909/16.10.1909, Danubius Fiume; 1920 an Italien; Abbruch.
SMS Velebit
05.11.1908/24.07.1909/31.12.1909, Danubius, Fiume; 1920 an Italien; Abbruch.
SMS Huszár (II)
29.11.1909/20.12.1910/08.02.1911, Seearsenal Pola;1920 an Italien; Abbruch.
SMS Warasdiner (ex Lung Tuan)
01.04.1911/4-1912/28.08.1914, STT Triest; ursprünglich für China gebaut; Juli 1914 von STT angekauft; 28.8.1914 übernommen für k.u.k. Kriegsmarine, 1920 an Italien; Abbruch.

Anmerkungen: Durch das Voranschreiten in der Entwicklung moderner Zerstörer, d.h. von Schiffen, die kleiner, aber schneller und wendiger waren als die österreichischen Torpedoschiffe (s. SMS »Magnet«), entschied sich auch die k.u.k. Marineführung schließlich 1904 für diesen Schiffstyp mit ca. 400 t und 28 Knoten Geschwindigkeit. Eine erste Einheit wurde als Vorbauschiff bei Yarrows in England geordert, der Entwurf war da aber schon mehrere Jahre alt, gestaltet sehr in Anlehnung an die zuvor für Japan gebauten Zerstörer der »Ikazuchi«- bzw. nachfolgenden »Akatsuki«-Klasse (von 6+2 Schiffen).

Charakteristisch waren die vier Kamine; diese wurden 1911 bei allen Einheiten deutlich erhöht (wegen Funkenflug und Rauchbelästigung an Deck).

Nach Ablieferung 1905 begann der Bau auf heimischen Werften, paritätisch in beiden Reichshälften, die der österreichischen bei STT in Triest, die der ungarischen auf der neu gegründeten Bergudi-Werft in Fiume, die bald mit Ganz Danubius & Co. fusioniert wurde. Insgesamt waren 12 Einheiten vorgesehen.

Als Artilleriebewaffnung führten die Zerstörer am Vorschiff nur eine einzelne 7-cm-L/45 sowie sieben (nämlich auf den Seiten sechs und achtern eine) 4,7-cm-L/44; das Modell wurde 1913/14 meist durch 7-cm-L/30-Geschütze ersetzt.

Das Typschiff SMS »Huszár« lief 1908 vor Cattaro auf ein Riff und war dabei als Totalverlust zu betrachten.

Um weiterhin 12 Schiffe in der Flotte zu haben, erfolgte im Seearsenal Pola ein Ersatzbau (mit einigen wenigen geretteten Teilen des Schiffes, um in bester altösterreichischer Marinetradition den de facto völligen Neubau etwas zu verschleiern), der natürlich auch wieder den Namen »Huszár« erhielt.

1914 konnte ein weiteres Schiff der Klasse von der Marine angekauft werden, das 1910 vom Kaiserreich China bei STT in Triest als »Lung Tuan« in Auftrag gegeben worden war, aber wegen der Wirren in China, nach Ende des Kaiserreiches, nicht mehr abgenommen werden konnte.

Die 13 Einheiten, meist als Zerstörer bezeichnet, in älteren Quellen oftmals auch noch als »Torpedoschiffe« bzw. nur »Torpedofahrzeuge«, waren 1914–1918 eine wichtige Stütze der alltäglichen Seekriegführung in der Adria, an Seefestigkeit und allgemeiner Vielseitigkeit im Einsatz, aber insgesamt nicht mit den größeren und modernen Zerstörern der »Tátra«-Klasse vergleichbar. Trotzdem wurden sie für zahlreiche Kampfeinsätze verwendet.

Namen: Überwiegend Bezeichnungen für besondere menschliche Typen oder Kämpfer, z.T. Angehörige von Sonder- oder Elitetruppen in Österreich-Ungarn. Dazu außerhalb dieser Reihe: »Turul« ist ein mythologischer Vogel aus der Zeit der Arpaden. »Reka« ein Fluss bei Görz (bedeutet auch allgemein »Fluss«), »Dinara« ist ein Gebirgszug an der Küste Dalmatiens, »Velebit« ein Abschnitt in diesem Gebirge.

Erster Weltkrieg: Die Schiffe wurden umfassend eingesetzt und erlitten zwei Kriegsverluste: »Wildfang« 1917 durch Mine im Golf von Triest (25 Tote) und »Streiter« 1918 durch Kollision vor Istrien mit eigenem Dampfer (2 Tote).

Technische Daten	Huszár-Klasse (14 Schiffe)
Stapelläufe	1905–1912
Abmessungen	
Länge	68,4 m
Breite	6,25 m
Tiefgang	1,8 m
Verdrängung	386 ts (Konstruktion), 405 ts (maximal)
Maschinenanlage	Zwei 4-Zylinder-Dreifach-Expansions-Dampfmaschinen, 4 Yarrow Wasserrohr-Kessel, 4 Kamine
Maschinenleistung	6.747 PS, Höchstgeschwindigkeit 30,6 Knoten, 2 Wellen
Bewaffnung	1 x 7-cm-L/45 Škoda, 7 × 4,7-cm-L/44-Schnellfeuerkanonen (ab 1913/14 ersetzt durch 4 x 7-cm-L/30 Škoda und weitere Bewaffnungsvarianten), 2 x 1 Torpedorohr 45 cm an Deck
Panzerung	keine
Besatzung	65–70 Mann

Zerstörer SMS »Reka«, mattschwarz gestrichen, übers Heck fotografiert.

Torpedobootszerstörer »Huszár«, noch bei Yarrows in England und ohne Bewaffnung. Charakteristisch die vier kurzen Kamine; diese wurden 1911 bei allen Einheiten deutlich erhöht (wegen Funkenflug und Rauchbelästigung).

SMS »Ulan« in Bau bei STT mit Schwesterschiffen. Nach Übernahme des Vorbauschiffes 1905 aus England begann der Bau auf heimischen Werften, paritätisch verteilt auf beide Reichshälften. Insgesamt waren 12 Schiffe vorgesehen.

Der für den durch Strandung verlorenen »Huszár« 1910 vom Stapel gelaufene neue Zerstörer »Huszár (II)«, hier noch mit niedrigen Kaminen, d.h. vor 1911 aufgenommen, hellgrau gestrichen.

SMS »Ulan«, olivgrün und noch mit niedrigen Kaminen. Gut erkennbar am Vorschiff die einzige 7-cm-L/45, auf den Seiten sechs und Achtern eine 4,7-cm-L/44 als (schwache) Artilleriebewaffnung.

SMS »Turul« bereits mit den 1911 erhöhten Kaminen und nun hellgrau gestrichen. Dieser sehr helle Anstrich wurde 1906 für Torpedofahrzeuge angeordnet und bis 1913 verwendet, dann bis 1915 durch einen mattschwarzen Anstrich abgelöst. Die im Original farbigen Ringe an den Kaminen geben die Zugehörigkeit zur Einheit an.

Ein 1910 vom Kaiserreich China bei S.T.T. Triest als »Lung Tuan« in Auftrag gegebener Zerstörer der Klasse konnte von Peking wegen der dortigen politischen Wirren nicht mehr abgenommen werden und wurde bei Kriegsbeginn 1914 von der k.u.k. Kriegsmarine angekauft und als SMS »Warasdiner« in Dienst gestellt.

SMS »Pandur«, im klassischen hellgrauen Anstrich im Ersten Weltkrieg.

4.2. Torpedoschiffe

Diese in der k.u.k. Kriegsmarine allgemein meist nur als »Torpedofahrzeuge« bzw. »Torpedoschiffe« bezeichneten Einheiten waren vom Typ her als Torpedoboots-Jäger bzw. Torpedo-Kanonenboote im Sinne eines Zerstörers entworfen worden. Man könnte sie auch korrekt als Torpedoboot-Abwehrfahrzeuge mit eigener Torpedo-Kapazität beschreiben. Sie sollten im Verband u.a. mit Torpedo-Rammkreuzern, Torpedoschiffen und Torpedobooten operieren. Begonnen hat diese interessante und auch im Ausland genau verfolgte, im Endeffekt aber erfolglose Serie mit den vier auf heimischen Werften gebauten Schiffen der »Lussin«- und »Zara«-Klasse (Stapelläufe 1879–1883). Von 1886 bis 1896 wurden sieben weitere Torpedofahrzeuge ausgeliefert, die alle im Ausland gebaut wurden. Sie können durchweg als potentielle Prototypen für den geplanten Serienbau einer umfangreicheren Klasse gesehen werden, es wurde aber nie mit dem Bau einer größeren Serie begonnen.

Insgesamt kein überzeugender Schiffstyp, der sich gegenüber dem Typ des sich parallel herauskristallisierenden »echten« und schnelleren Zerstörers nicht durchsetzen konnte (s. auch »Huszár«-Klasse).

a. Magnet-Klasse (1 Schiff)

SMS Magnet
14.09.1895/21.03.1896/05.07.1896, Schichau, Elbing; 02.08.1916 durch Torpedotreffer (italienisches U-Boot »Salpa«) schwer beschädigt, aber repariert; 1920 an Italien; Abbruch.

Anmerkungen: Zwischen 1886 und 1895 waren, z.T. nach internationaler Ausschreibung, sechs Torpedofahrzeuge auf ausländischen Werften bestellt worden. Großteils bei Schichau in Elbing in Westpreußen gebaut, wie auch »Magnet« als siebte und letzte Einheit.

Das Schiff blieb ein Einzelgänger und beendete den Irrweg der Entwicklung dieser Torpedoboots-Jäger bzw. Torpedo-Kanonenboote zugunsten der Zerstörer.

Name: Benannt nach einem physikalischen Phänomen der Kraftwirkung.

Erster Weltkrieg: Im Krieg zahlreiche Geleitfahrten an der Küste. SMS »Magnet« erhielt am 02. August 1916 einen Torpedotreffer am Heck durch das italienische U-Boot »Salpa« (11 Tote), wurde aber erfolgreich eingeschleppt und repariert (Länge danach nur mehr 68,9 m). Danach war es wieder für Konvoi-Sicherungsaufgaben im Einsatz.

Technische Daten	**Magnet-Klasse** (1 Schiff)
Stapelläufe	1896
Abmessungen	
Länge	71 m (nach Reparatur 1916: 68,8 m)
Breite	8,2 m (nach Reparatur 1916: 8,2 m)
Tiefgang	2,3 m (nach Reparatur 1916: 2,4 m)
Verdrängung	485 ts (Konstruktion), 544 ts (maximal)
Maschinenanlage	Zwei 3-Zylinder-Dreifach-Exansions-Dampfmaschinen, 4 Thornycroft-Schultz Wasserrohkessel, 2 Kamine
Maschinenleistung	5.800 PS, Höchstgeschwindigkeit 25–26 Knoten, 2 Wellen
Bewaffnung	6 x 4,7-cm-L/44; nach Reparatur 1916: 2 x 7-cm-L/45 Škoda, 4 x 4,7-cm-L/44, 3 x Torpedorohre 35 cm (an Deck)
Panzerung	keine
Besatzung	85–100 Mann

»Magnet« nach dem Torpedotreffer am Heck durch das italienische U-Boot »Salpa« im August 1916. Das Schiff wurde repariert, aber dabei um ca. zwei Meter verkürzt.

SM Torpedofahrzeug »Magnet« in Pola, schwarz gestrichen. Dahinter SMS »Panther« (links) und »Leopard«. Auf allen drei Schiffen ist Waschtag.

b. Satellit-Klasse (1 Schiff)

SMS Satellit
1-1892/21.09.1892/24.03.1893, Schichau, Elbing; 1920 an Frankreich; Abbruch.

Anmerkungen: Verbesserte »Trabant«-Klasse, ebenfalls gebaut in Elbing an der Ostsee. Das Schiff blieb ein Einzelgänger.
Nach dem Umbau 1912 bekam das Schiff drei Kamine statt bisher einen, verbunden mit drei Yarrow Wasserrohr-Kesseln, welche die vier alten Lokomotiv-Kessel ersetzten.

Name: Benannt nach einem astronomischen Objekt.

Erster Weltkrieg: Während des Kriegs als Minensucher- und -leger verwendet. Unternahm zahlreiche Geleitfahrten für Küstenkonvois.

SMS »Satellit« in Pola, viktorianischer Anstrich in Pola, Backbordseite.

Technische Daten	Satellit-Klasse (1 Schiff)
Stapelläufe	1892
Abmessungen	
Länge	69,2 m
Breite	8,15 m
Tiefgang	2,4m
Verdrängung	529 ts Verdrängung (Konstruktion), 616 ts (maximal)
Maschinenanlage	Zwei 3-Zylinder-Expansions-Dampfmaschinen, 4 Lokomotiv-Kessel auf einen Kamin (nach 1912 drei Yarrow Wasserrohr-Kessel auf je einem Kamin)
Maschinenleistung	4.800 PS, Höchstgeschwindigkeit 22 Knoten, 2 Wellen
Bewaffnung	1 x 7-cm-L/45 Škoda L/42 (ab 1918 L/45 Škoda L/45), 8 x 4,7-cm-L/44, 2 x Torpedorohre 35 cm (1 Bug über Wasser, 1 Deck)
Panzerung	keine
Besatzung	70–85 Mann

SMS »Satellit« nach Umbau 1912 mit drei Kaminen, hellgrau gestrichen.

c. Trabant-Klasse (1 Schiff)

SMS Trabant
7-1889/21.05.1890/23.11.1890, Schichau, Elbing; 1920 an Italien; Abbruch.

Anmerkungen: Als mögliches Musterschiff einer Serie von Torpedofahrzeugschiffen wurde die SMS Trabant bei der Schichau-Werft in Elbing bestellt, blieb aber ein Einzelgänger. Ähnelte sehr dem Torpedoschiff »Planet« (weshalb es oft direkt dieser Klasse zugerechnet wird).

Name: Benannt nach einem astronomischen Objekt.

Erster Weltkrieg: Im Krieg zur lokalen Verteidigung von Pola eingesetzt; 1915 zum Minensucher umgerüstet.

Technische Daten	Trabant-Klasse (1 Schiff)
Stapelläufe	1890
Abmessungen	
Länge	68,85 m
Breite	8,2 m
Tiefgang	2,45 m
Verdrängung	530 ts Verdrängung (Konstruktion), 610 ts (maximal)
Maschinenanlage	Zwei 3-Zylinder-Exapansions-Dampfmaschinen, 4 Lokomotiv-Kessel, 1 Kamin
Maschinenleistung	3.500 PS, Höchstgeschwindigkeit 20,3 Knoten, 2 Wellen
Bewaffnung	2 x 7-cm-L/42 Škoda, 8 x 4,7-cm-L/44, 2 x Torpedorohre 35 cm (1 Bug über Wasser, 1 Deck)
Panzerung	keine
Besatzung	85 Mann

SM Torpedofahrzeug »Trabant«, Backbord-Seitenansicht im viktorianischen Anstrich, aufgenommen in Deutschland 1895 anlässlich der Eröffnung des Kaiser Wilhelm-Kanals.

SMS »Trabant« in Pola im Ersten Weltkrieg, hellgrau gestrichen. Im Hintergrund ein Schlachtschiff der »Habsburg«-Klasse.

d. Planet-Klasse (1 Schiff)

SMS Planet
1888/25.06.1889/06.12.1891, Palmer, Newcastle; 1920 an Italien; Abbruch.

Anmerkungen: Als mögliches Musterschiff einer Serie von Torpedofahrzeugen bei Palmers Shipbuilding and Iron Company in England gebaut. Blieb ein Einzelgänger. Sehr ähnlich »Trabant« (wird oft direkt dieser Klasse zugerechnet).

Name: Benannt nach einem astronomischen Objekt.

Erster Weltkrieg: Zur lokalen Verteidigung des Hauptkriegshafens Pola eingesetzt.

Technische Daten	Planet-Klasse (1 Schiff)
Stapelläufe	1889
Abmessungen	
Länge	66,9 m
Breite	7,1 m
Tiefgang	2,8 m
Verdrängung	506 ts Verdrängung (Konstruktion), 540 ts (maximal)
Maschinenanlage	Zwei 3-Zylinder-Expansions-Dampfmaschinen, 4 Lokomotiv-Kessel, 1 Kamin
Maschinenleistung	3.556 PS, Höchstgeschwindigkeit 19,5 Knoten, 2 Wellen
Bewaffnung	2 x 7-cm-L/42 Škoda, 8 x 4,7-cm-L/44, 2 x Torpedorohre 35 cm (1 Bug über Wasser, 1 Deck)
Panzerung	keine
Besatzung	85 Mann

SMS »Planet« vor der englischen Küste 1891.

SMS »Planet«, einen Torpedo aus dem Überwasser-Bugrohr lancierend.

e. Meteor-Klasse (3 Schiffe)

SMS Meteor
3-1887/15.05.1887/03.09.1887, Schichau, Elbing; 1920 an Italien; Abbruch.
SMS Blitz
2-1888/Stapellauf 07.07.1888/26.10.1888, Schichau, Elbing; 1920 an Italien; Abbruch.
SMS Komet
4-1888/Stapellauf 18.08.1888/25.10.1888, Schichau, Elbing; 1920 an Italien; Abbruch.

Anmerkungen: Die drei ersten Torpedofahrzeuge, die bei Schichau in Elbing in Westpreußen 1886 bestellt wurden, nachdem die Marineführung mit den Eigenbauten der »Zara«-Klasse (1879–1882) nicht zufrieden gewesen war. Die Indienststellungen erfolgten 1888–1889.
Die »Komet« besaß nach dem Umbau im Jahr 1914 zwei Kamine statt bisher einen.

Namen: Benannt nach Leucht- und Wettererscheinungen in der Atmosphäre bzw. astronomischen Objekten.

Erster Weltkrieg: Wurde hauptsächlich für lokale Sicherungsaufgaben verwendet.

Technische Daten	Meteor-Klasse (3 Schiffe)
Stapelläufe	1887
Abmessungen	
Länge	59 m (Meteor), 60,7 m (Blitz & Komet)
Breite	7,4 m
Tiefgang	2,1 m
Verdrängung	Meteor 360 ts Verdrängung (Konstruktion), 422 ts (maximal); Blitz und Komet 420 ts (maximal)
Maschinenanlage	Eine 3-Zylinder-Dreifach Expansions-Dampfmaschine, 2 Lokomotiv-Kessel, 1 Kamin (Komet: 2 nach 1914)
Maschinenleistung	2.700 PS (Meteor), 2.900 PS (Blitz und Komet), Höchstgeschwindigkeit 19,7 Knoten (Meteor), 21 Knoten (Blitz und Komet), 1 Welle
Bewaffnung	2 x 4,7-cm-L/44, 7 x 4,7-cm-L/33, in Folge mehrere Varianten in der Bewaffnung; ab 1918 z.T. 2 x 7-cm-L/45-Škoda-Flak, 2 x Torpedorohre 35 cm (ursprünglich 1 Bug über Wasser, 1 Deck; teilweise auch Kaliber 45 cm)
Panzerung	keine
Besatzung	60 Mann

SMS »Meteor« (links) und »Komet« im Hafen, dunkel gestrichen, über das Heck fotografiert.

SM Torpedofahrzeug »Komet« im viktorianischen Anstrich.

f. Lussin-Klasse (1 Schiff)

SMS Lussin
9-1881/ 22.12.1883/12.07.1884, STT Triest; 1920 an Italien; umbenannt in »Sorrento« und im Passagierdienst der italienischen staatlichen Eisenbahnen (FS); Abbruch ca. 1928.

Anmerkungen: Modifizierte »Zara«-Klasse, wird in der Literatur auch oft als viertes Schiff dieser Klasse zugerechnet. Teilweise 19-mm-Panzerdeck. Deutlich länger und größer. Ursprünglich mit drei Masten ausgestattet. Hilfsbesegelung war (als explizite Anforderung der Marineführung) noch vorhanden (379 m^2).

Name: Benannt nach einer Insel bzw. Verwaltungsbezirk an der österreichischen Adria.

Erster Weltkrieg: Das Schiff war 1914 zwar noch vorhanden, wurde aber als Kampfschiff ausgemustert und war nur für zweitklassige Hilfsaufgaben verwendbar. In den Jahren 1910–1913 war es zu einer Jacht der Admiralität umgebaut worden und im Ersten Weltkrieg wurde es als Wohnschiff genutzt.

Technische Daten	Lussin-Klasse (1 Schiff)
Stapelläufe	1883
Abmessungen	
Länge	79,5 m
Breite	8,4 m
Tiefgang	4,1 m
Verdrängung	1.011 ts (Konstruktion), 1.123 ts (maximal)
Maschinenanlage	Zwei vertikale 2-Zylinder-Expansions-Dampfmaschinen, 5 Zylinder-Kessel, 1 Kamin
Maschinenleistung	1.767 PS, Höchstgeschwindigkeit 13 Knoten, 2 Wellen
Bewaffnung	2 x 15-cm-L/35 Krupp, 5 x 4,7-cm-L/33, 2 x Torpedorohre 35 cm
Panzerung	keine
Besatzung	155 Mann

SM Torpedoschiff »Lussin«.

g. Zara-Klasse (3 Schiffe)

SMS Zara
1-1878/13.11.1879/17.07.1882, Seearsenal Pola; 1920 an Italien; Abbruch.
SMS Spalato
11-1878/30.8.1879/7-1880, STT, Triest; 1920 an Italien; Abbruch.
SMS Sebenico
11-1880/18.02.1882/7-1883, Seearsenal Pola; 1920 an Italien; Abbruch.

Anmerkungen: Planungen und Entwürfe ab 1872, teilweise in Anlehnung an britische und deutsche Schiffe (HMS »Vesuvius« und stärker an SMS »Zieten«, beide in England gebaut). Es kam nach einem sehr langen und komplexen Prüfungsprozess verschiedener Entwürfe schließlich zur Ausführung eines heimischen Konzeptes (Chefkonstrukteur Josef Ritter von Romako, der Bruder des bekannten Malers Anton Romako).
Gebaut wurden drei Schiffe zwischen 1879 und 1882 auf Adria-Werften als »Torpedofahrzeuge«. Sie werden in der Literatur gelegentlich auch als die ersten drei »Torpedokreuzer« der österreichisch-ungarischen Marine bezeichnet und waren jedenfalls die ersten großen torpedobewaffneten Kriegsschiffe der k.u.k. Flotte (ausgenommen die Torpedoversuche auf älteren Schiffen; die Torpedowaffe war damals noch sehr neu).
Die ersten beiden Schiffe waren mit an Deck montierten Torpedorohren bewaffnet, während SMS »Sebenico« ein experimentelles Torpedorohr am Bug erhielt, unter der Wasserlinie (Nachzügler »Sebenico« wird z.T. auch bereits einer eigenen Klasse zugerechnet).
19-mm-Panzerdeck, viele technische Probleme im Betrieb, mehrfach geänderte Bewaffnungsvarianten, verschiedene Nachrüstungen im Maschinenbereich. Die geforderte Geschwindigkeit von 15 Knoten wurde auch bei den Probefahrten nie erreicht, die Betriebsgeschwindigkeit lag in der Praxis nur bei 11–12 Knoten.
Daublebsky von Sterneck, der Admiral Pöck im November 1883 abgelöst hatte, beschloss im Lichte dieser Fakten, neue Torpedokreuzer nun bei erfahreneren ausländischen Werften zu bestellen. Zwei neue Schiffe (»Panther«-Klasse) wurden 1884 bei Amstrong, Elswick in England geordert (s. dort).
Die drei Schiffe waren bereits in den 1890-er Jahren im Sinne der Planung weitgehend obsolet und wurden anderen Aufgaben zugeführt.

Technische Daten	Zara-Klasse (3 Schiffe)
Stapelläufe	1879–1982
Abmessungen	
Länge	62,7 m, 64,9 m (Sebenico)
Breite	8,2 m
Tiefgang	4,1 m, 4,2 m (Sebenico)
Verdrängung	Zara 852 ts Verdrängung (Konstruktion), 883 ts (maximal); (Spalato 852/931 ts; Sebenico 876/964 ts)
Maschinenanlage	Zwei horizontale Expansions-Dampfmaschinen, 5 liegende Zylinder-Kessel (später nur 4), 1 Kamin
Maschinenleistung	1.800 PS (Spalato 1.370 PS, Sebenico 1.488 PS), Höchstgeschwindigkeit 13–14 Knoten, 2 Wellen
Bewaffnung	4 x 9-cm-L/24, 4 x 4,7-cm-L/44, 4 x 4,7-cm-L/33 (Bewaffnung mehrfach geändert und z.T. erheblich abweichend innerhalb der Klasse; ab 1903 meist 2 x 12-cm-L/40), 2 x Torpedorohre 35 cm
Panzerung	keine
Besatzung	150 Mann

Namen: Benannt nach Städten an der Österreichischen Adria.

Erster Weltkrieg: Die Schiffe waren bei Kriegsbeginn 1914 als Kampfschiffe bereits völlig veraltet und nur mehr für Hilfsaufgaben geeignet. Sie fanden z.T. Verwendung als Hafenwachschiffe.

SMS »Zara« hatte wie auch die anderen auf heimischen Werften gebauten Torpedoschiffe dieser Klasse veritable Maschinenprobleme und erreichten nie die vom Auftraggeber geforderte Geschwindigkeit von 15 Knoten.

Backbordseite von SM Torpedoschiff »Sebenico« im Hafen Pola.

4.3. Hochseetorpedoboote

Nach der Entwicklung des in Österreich-Ungarn in den 1860-er Jahren erfundenen Torpedos (Giovanni Luppis von Rammer und Robert Whitehead) wurden auf der ganzen Welt kleine und schnelle Boote entwickelt, die solche Torpedos so nahe wie möglich an die gegnerische Schlachtlinie heranbringen sollten, um danach entsprechend wendig und schnell wieder abzudrehen. Die Boote sollten eine möglichst geringe Silhouette aufweisen und vorwiegend nachts angreifen. Das Torpedoboot erschien als das ideale Gegenmittel kleiner Marinen gegen die Linienschiffe der großen Seemächte, da ein unter Wasser treffender Torpedo eine verheerende Wirkung hatte und Torpedoboote bei weitem nicht so teuer und aufwendig in der Produktion waren wie große Schlachtschiffe.

Zur Abwehr wurden auf den Großkampfschiffen leichte Schnellfeuerkanonen und Mitrailleusen in z.T. recht großer Zahl aufgestellt, auch die leichte Mittelartillerie konnte dafür verwendet werden. Ergänzend wurden alle Großkampfschiffe nun auch mit zahlreichen starken Scheinwerfern verschiedener Größen ausgestattet.

Österreich-Ungarn stieg im Jahr 1874 in die Beschaffung von Torpedobooten ein, mit der Auftragserteilung eines ersten 7,5-t-Bootes an die Firma Thornycroft in London (abgeliefert 1875). Es wurden bis 1916 insgesamt 132 Torpedoboote gebaut, das letzte 1916.

Obwohl die k.u.k. Kriegsmarine im Juni 1917 dringend den Bau von 12 neuen, etwas vergrößerten Hochseetorpedobooten mit 300 t Deplacement verlangte, wurde in Österreich-Ungarn danach kein weiteres Torpedoboot mehr auf Kiel gelegt.

Nummern, Ziffern und Buchstabensystem der k.u.k. Torpedoboote

Das System der Bezeichnung und Benennung österreichischer Torpedoboote ist komplex, durchaus etwas grotesk und eine ganz besondere Ausgeburt der österreichisch-ungarischen Marinebürokratie: Es gab in der Flotte in Summe 132 nummerierte Torpedoboote, aber nur insgesamt Seriennummern bis genau 100. Die ersten Torpedoboote ab Mitte der 1870-er Jahre führten nur lateinische Ziffern, keine Namen (z.B.: »SM Torpedoboot I«). Ab Mitte der 1880-er wurden für neu hinzukommende Boote normale Schiffsnamen vergeben (nach Tieren und Fabelwesen). Ab 1909/10 wurden in der k.u.k. Marine arabische Ziffern für alle Kleinfahrzeuge eingeführt, auch nachträglich für die noch aktiven Torpedoboote (Achtung: diese sind aber nicht immer identisch mit den früheren lateinischen Nummern!). Diese arabischen Ziffern, nun in Verbindung mit den Buchstaben »Tb« (für »Torpedoboot«), ersetzten fortan auch die bisherigen Namen, die aber in der Praxis vielfach parallel weiter verwendet wurden, in der Regel mit Präfix »ex«. Als Zusatz sollte ein Buchstabe nun auch die Werft bezeichnen.

Die k.u.k. Hochseetorpedoboote führten dann am Rumpf aufgemalt nicht nur eine Nummer als Torpedoboot, sondern auch den Ort der Bauwerft: Das »E« stand dabei für England, das »F« für »Fiume«, »M« für »Monfalcone« und »T« für »Triest«. Erst ab Mai 1917 wurden die Buchstaben am Rumpf wieder entfernt.

a. Hochseetorpedoboote Tb 98M–Tb 100M (3 Boote)

SM Tb 98M
19.03.1914/18.11.1914/19.08.1915, CNT Monfalcone; 1920 an Griechenland; dort »Kyzikos«; am 25.04.1941 in Salamis selbst versenkt.
SM Tb 99M
22.03.1914/17.12.1914/29.10.1915, CNT Monfalcone; 1920 an Griechenland; dort »Kios«; am 23.04.1941 in Vougliameni, südlich Piräus, durch deutsche Flugzeuge schwer beschädigt und dann selbst versenkt.
SM Tb 100M
28.03.1914/15.01.1915/15.03.1916, CNT Monfalcone; 1920 an Griechenland; dort »Kidoniai«; am 26.04.1941 durch deutsche Flugzeuge in Griechenland versenkt.

Anmerkungen: Die Detailpläne für die 250-t-Hochseetorpedoboote Tb 74T–Tb 81T und Tb 82F–Tb 97F wurden 1912 vom Marinetechnischen Komitee in Pola auf Basis der Entwürfe (der Werften) von 1910 abgesegnet. Es waren die letzten drei Einheiten von insgesamt 27 Hochseetorpedobooten aus der Beschaffungsserie 1910, das allerletzte Boot trug zufällig die Nummer 100 (Tb 100M). Ursprünglich vorgesehen zum Bau in Fiume, wurden diese drei Boote dann aber wegen der dortigen starken Auslastung mit Torpedobooten an die Cantiere Navale Triestino in Monfalcone vergeben.

Die Maschinenanlage bestand auch hier aus zwei hintereinander liegenden Dampfturbinen in getrennten Maschinenräumen, die auf je eine Welle wirkten.

Die Boote werden oft gemeinsam mit den in Fiume gebau-

ten Hochseetorpedobooten Tb 82F–Tb 97F in einer Klasse geführt. Sie besaßen ebenfalls zwei Kamine, wie auch die in Fiume gebauten Boote, aber andere Fabrikate bei der Maschinenausstattung und bei diversen Ausrüstungsgegenständen.
Bei den Übernahmefahrten erzielte Tb 98M eine Höchstgeschwindigkeit von 29,94 Knoten.

Name: Verwendet wurden ausschließlich Buchstaben und Nummern, keine Namen.

Erster Weltkrieg: Als moderne Torpedoboote hatten sie umfangreiche Kampfeinsätze. Nach dem Krieg wurden sie von der Marine Griechenlands übernommen und befanden sich bis zum Zweiten Weltkrieg im Einsatz.

Technische Daten	Tb 98M–Tb 100M (3 Boote)
Stapelläufe	1914–1915
Abmessungen	
Länge	60,35 m
Breite	5,6 m
Tiefgang	1,55 m
Verdrängung	246 ts (Konstruktion), 261 ts (maximal)
Maschinenanlage	Zwei Melms-Pfenninger-Dampfturbinen, 2 Yarrow-Wasserrohrkessel, gemischte Kohle- und Ölfeuerung (17,5 t Kohle und 24 t Öl), 2 Kamine
Maschinenleistung	5.000 PS, Höchstgeschwindigkeit 28–30 Knoten, 2 Wellen
Bewaffnung	2 x 7-cm-L/30 Škoda, 2 x 2 Torpedorohre 45 cm (an Deck)
Panzerung	keine
Besatzung	40–45 Mann

SM Tb 98M, gebaut bei CNT in Monfalcone, mit zwei Kaminen; das »M« stand für die Bauwerft in Monfalcone.

Silhouette von SM Tb 99M mit notgewassertem Flugboot K 375, das in Schlepp genommen wird.

SM Tb 100M führte die höchste in der k.u.k. Kriegsmarine vergebene Nummer für Torpedoboote.

b. Hochseetorpedoboote Tb 82F–Tb 97F (16 Boote)

SM Tb 82F
30.10.1913/11.08.1914/30.08.1916, Danubius Fiume; 1920 an Rumänien; dort »Naluca«; 1944 vor Constanza durch sowjetische Flugzeuge versenkt.
SM Tb 83F
7.11.1913/07.11.1914/21.07.1915, Danubius Fiume; 1920 an Rumänien; dort »Zmeul«; noch lange in Verwendung (bis ca. Ende 1950-er Jahre).
SM Tb 84F
27.11.1913/21.11.1914/18.10.1916, Danubius Fiume; 1920 an Rumänien; dort »Fulgerul«; †08.02.1922 bei Überführungsfahrt nach Rumänien vor Kos (bei Bodrum) im Sturm gesunken.
SM Tb 85F
07.01.1914/05.12.1914/01.12.1915, Danubius Fiume; 1920 an Portugal; dort »Zézere«; am 29.12.1921 bei Überführungsfahrt nach Portugal im Schlepp zwischen Tunis und Algier gestrandet; Totalverlust; s. auch Tb 88F.
SM Tb 86F
26.01.1914/19.12.1914/10.05.1916, Danubius Fiume; 1920 an Portugal, dort »Ave«; 1940 gestrichen; Abbruch.
SM Tb 87F
05.03.1914/20.03.1915/28.09.1915, Danubius Fiume; 1920 an Jugoslawien; dort T 5; 1941 an Italien; September 1943 zu den Alliierten entkommen und an Jugoslawien zurück; Name »Cer«; bis ca. 1963 in Verwendung, dann abgebrochen.
SM Tb 88F
07.03.1914/24.04.1915/05.11.1915, Danubius Fiume; 1920 an Portugal; dort »Cávado«; am 29.12.1921 bei Überführungsfahrt nach Portugal im Schlepp zwischen Tunis und Algier gestrandet; Totalverlust; s. auch Tb 85F.
SM Tb 89F
13.05.1914/12.05.1915/06.02.1916, Danubius Fiume; 1920 an Portugal; dort »Sado«; 1940 gestrichen; Abbruch.
SM Tb 90F
09.09.1914/28.05.1915/24.06.1916, Danubius Fiume; 1920 an Portugal; dort »Lis«; 1934 gestrichen; Abbruch.
SM Tb 91F
24.11.1914/21.06.1915/28.06.1916, Danubius Fiume; 1920 an Portugal; dort »Mondego«; 1938 gestrichen; Abbruch.
SM Tb 92F
30.11.1914/29.09.1915/03.03.1916, Danubius Fiume; 1920 an Griechenland; dort »Panormos«; im März 1928 vor der Insel Ägina, südlich von Piräus gestrandet und nachfolgend gesunken.
SM Tb 93F
09.01.1915/25.11.1915/04.04.1916, Danubius Fiume; 1920 an Jugoslawien; dort T 6; 1941 an Italien; am 11.09.1943 bei Cesenatico, nördlich von Rimini selbst versenkt.
SM Tb 94F
19.01.1915/08.03.1916/26.05.1916, Danubius Fiume; 1920 an Griechenland; dort »Proussa«; am 04.04.1941 vor Korfu durch deutsche Flugzeuge schwer beschädigt und nachfolgend selbst versenkt.
SM Tb 95F
09.02.1915/24.06.1916/19.09.1916, Danubius Fiume; 1920 an Griechenland; dort »Pergamos«, am 25.04.1941 in Salamis selbst versenkt.
SM Tb 96F
24.02.1915/08.07.1916/10.11.1916, Danubius Fiume; 1920 an Jugoslawien, dort T 7; 1941 an Italien; 1943 an Deutschland; am 25.06.1944 bei Insel Murter (nordwestlich Sebenico/ Šibenik) von britischen MTBs schwer beschädigt; gestrandet (Totalverlust).
SM Tb 97F
05.03.1915/20.08.1916/09.12.1916, Danubius Fiume; 1920 an Jugoslawien; dort T 8; 1941 an Italien; am 10.09.1943 bei Ragusa (Dubrovnik) von deutschen Flugzeugen versenkt.

Anmerkungen: Diese Boote basierten auf der Beschaffung von insgesamt 27 Hochseetorpedobooten mit 250 t Verdrängung und modernem Dampfturbinenantrieb im Jahr 1910. Sie waren gemäß den Anforderungen des Marinetechnischen Komitees entworfen worden, auf Basis von eingereichten Werftplänen.
Die Turbinen waren hintereinander in getrennten Räumen untergebracht und wirkten jeweils auf eine Welle.
Gebaut wurde diese Serie von 16 Booten bei Ganz Danubius in Porto Ré (Tb 83–86, 92, 94–96), die anderen in Bergudi, d.h. alle im Bereich Fiume und sie waren auch alle nur mit »F« gekennzeichnet. Die Schiffsbaubleche, Antriebsanlagen und große Teile der Schiffsausrüstung wurden über ungarische Industriebestriebe bestellt und unterschieden sich z.T. erheblich von den im Prinzip als Schwesterschiffe konzipierten Einheiten der Hochseetorpedoboote der Reihe Tb 74T–Tb 81T und Tb 98M–TB 100M.

Namen: Ausschließlich Buchstaben und Nummern wurden verwendet, keine Namen.

Erster Weltkrieg: Als moderne Torpedoboote erlebten sie umfangreiche Kampfeinsätze aller Art. Nach dem Krieg wurden sie auf kleinere Siegermächte verteilt und waren z.T. noch sehr lange im Einsatz.

Technische Daten	Tb 82F–Tb 97F (16 Boote)
Stapelläufe	1914–1916
Abmessungen	
Länge	58,8 m
Breite	5,8 m
Tiefgang	1,5 m
Verdrängung	240 ts (Konstruktion), 263 ts (maximal)
Maschinenanlage	Zwei AEG-Curtis-Dampfturbinen, gemischte Kohle- und Ölfeuerung (20,2 t Kohle und 31 t Öl), 2 Yarrow-Wasserrohrkessel, 2 Kamine
Maschinenleistung	5.000 PS, Höchstgeschwindigkeit 28–29 Knoten, 2 Wellen
Bewaffnung	2 x 7-cm-L/30 Škoda, 2 x 2 Torpedorohre 45 cm (an Deck)
Panzerung	keine
Besatzung	40–45 Mann

SM Tb 93F Steuerbordseite.

SM TB 89, Backbordseite.

SM Tb 96F, Tb 93F, Tb 83F, Tb 87F, Tb 88F, Tb 75T, 76TPola und zwei weitere Boote im Zentralkriegshafen Pola, mit einer hier seltenen Schneeschicht belegt.

SM Tb 87F stark qualmend, dahinter Tb 93F.

SM Tb 87F und Tb 88F vor der dalmatinischen Küste. Die in Fiume gebauten Boote führten ein »F« nach der Kennnummer und hatten zwei Kamine.

Ein interessantes Foto von Tb 92F aus der späten Phase des Krieges, nun mit Kaminkappen und inzwischen ohne Zusatzbuchstaben F am Rumpf, wie ab Mai 1917 üblich.

c. Hochseetorpedoboote Tb 74T–Tb 81T (8 Boote)

SM Tb 74T
16.04.1913/28.081913/01.02.1914, STT Triest; 1920 an Rumänien; dort »Viforul«; 1927 gestrichen; Abbruch.
SM Tb 75T
28.05.1913/20.11.1913/11.07.1914, STT Triest; 1920 an Rumänien, dort »Virtej«; 1927 gestrichen; Abbruch.
SM Tb 76T
24.06.1913/15.12.1913/20.07.1914, STT Triest; 1920 an Jugoslawien; dort T 1; 1941 an Italien; September 1943 nach Malta entkommen; Dezember 1943 an Jugoslawien zurück; dort neuer Name »Golesnica«; 1959 gestrichen; Abbruch.
SM Tb 77T
24.08.1913/30.01.1914/11.08.1914, STT Triest; 1920 an Jugoslawien, dort T 2; 1939 abgebrochen.
SM Tb 78T
22.10.1913/04.03.1914/23.08.1914, STT Triest; 1920 an Jugoslawien; dort T 3; 1941 an Italien; 1943 an Deutschland (als TA 48) und 1944 an Marine Kroatiens übergeben; am 20.02 1945 in Triest durch Bombentreffer versenkt; 1946 gehoben und 1949 abgebrochen.
SM Tb 79T
01.12.1913/30.04.1914/01.10.1914, STT Triest; 1920 an Jugoslawien; dort T 4; 1932 in Dalmatien gestrandet; Totalverlust.
SM Tb 80T
19.12.1913/03.08.1914/08.11.1914, STT Triest; 1920 an Rumänien; dort »Vijelia«; 1927 gestrichen; Abbruch.
SM Tb 81T
08.02.1914/06.08.1914/02.12.1914, STT Triest; 1920 an Rumänien; dort »Zborul«; noch lange in Verwendung (bis ca. Ende 1950-er Jahre).

Technische Daten	Tb 74T–Tb 81T (8 Boote)
Stapelläufe	1913–1914
Abmessungen	
Länge	57,8 m
Breite	5,75 m
Tiefgang	1,54 m
Verdrängung	258 ts (Konstruktion), 263 ts (maximal)
Maschinenanlage	Zwei Parsons-Dampfturbinen, gemischte Kohle- und Ölfeuerung (18,2 t Kohle und 24,3 t Öl), 2 Yarrow-Wasserrohrkessel, 1 Kamin
Maschinenleistung	5.000 PS, Höchstgeschwindigkeit 28–29 Knoten, 2 Wellen
Bewaffnung	2 x 7-cm-L/30 Škoda, 2 x 2 Torpedorohre 45 cm (an Deck)
Panzerung	keine
Besatzung	40–45 Mann

Anmerkungen: Diese Boote basierten auf der Beschaffungsserie von insgesamt 27 Hochseetorpedobooten mit 250 t Verdrängung und modernem Turbinenantrieb aus dem Jahr 1910 und waren gemäß den Anforderungen des Marinetechnischen Komitees entworfen worden. Es handelt sich hier um die erste Serie von acht Booten, die bei STT gebaut wurden.

Kommandobrücke von SM Hochseetorpedoboot Tb 78T.

SM Tb 74T Backbordseite. Die Boote der in Triest gebauten Sub-Klasse führten ein »T« nach der Kennnummer und hatten nur einen Kamin.

SM Tb 75T in schneller Fahrt.

Ursprünglich war die Beschaffung einer größeren Serie von deutlich größeren Torpedobooten auf heimischen Werften mit ca. 500 t Deplacement geplant gewesen, aber die Anforderungen an die Größe wurden plötzlich deutlich heruntergesetzt, vorwiegend aus Kostengründen. Der Auftrag zum Bau von Booten mit diesen Spezifikationen (Konstruktionsentwurf 250 t, Turbinenantrieb, 28 Knoten) erfolgte von der Marine durch Aufforderung an STT in Triest und Ganz Danubius in Fiume, entsprechende Entwürfe vorzulegen, d.h. auch hier im inzwischen üblichen Proporzsystem der Doppelmonarchie, das sich durch alle Bereiche der Beschaffung zog. Die bei Ganz Danubius in Fiume hergestellten Boote Tb 82F–Tb 97F unterschieden sich aber doch deutlich von denen aus Triest, was schon äußerlich an zwei statt einem Kamin erkennbar ist. Sie werden daher als eigene Klasse geführt, wie auch jene drei Nachzügler von CNT.

Tb 77T vor der Küste Dalmatiens.

Seitenansicht SM Tb 78T.

SM Tb 80T in Fahrt.

Die Maschinenanlage bestand aus zwei hintereinander liegenden Dampfturbinen, die auf je eine Welle wirkten.
Trotz der geringen Größe von gut 250 t wurden sie durchwegs als Hochseetorpedoboote bezeichnet, in erster Linie in Abgrenzung zu den unmittelbar davor gebauten Küstentorpedobooten, die weniger als halb so groß waren (Konstruktionsentwurf 110 t); die geringe Größe beschränkte im Krieg ihre Einsatzmöglichkeiten erheblich.

Namen: Ausschließlich Buchstaben und Nummern, keine Namen.

Erster Weltkrieg: Als moderne Torpedoboote erlebten sie umfangreiche Kampfeinsätze aller Art. Nach dem Krieg wurden sie auf die kleineren Siegermächte Rumänien und Jugoslawien verteilt und waren z.T. noch sehr lange im Einsatz.

d. Kaiman-Klasse (24 Boote)

SM Tb 50E, ex Kaiman
11-1904/02.06.1905/14.09.1905, Yarrow London; 1920 an England; Abbruch.
SM Tb 51T, ex Anaconda
11.10.1905/07.05.1906/21.09.1906, STT Triest; am 09.09.1915 bei Operation gegen adriatische Inselgruppe Pelagosa (Palagruža) von französischem U-Boot »Papin« torpediert; Vorschiff bis zum vorderen Kesselraum abgerissen und dieses gesunken, Rest aber erfolgreich eingeschleppt und repariert; 1920 an England; Abbruch.
SM Tb 52T, ex Alligator
20.10.1905/30.06.1906/31.12.1906, STT Triest; am 17.10.1919 im Sturm nördlich Spalato (Split) gestrandet und 07.11.1920 endgültig gesunken; später gehoben und in Italien abgebrochen.
SM Tb 53T, ex Krokodil
14.11.1905/25.07.1906/31.12.1906, STT Triest; 1920 an England; Abbruch.
SM Tb 54T, ex Wal
12.12.1905/10.09.1906/15.06.1907, STT Triest; 1920 an Jugoslawien; dort als T 12 in Dienst; 1928 abgebrochen.
SM Tb 55T, ex Seehund
29.12.1905/15.09.1906/15.06.1907, STT Triest; 1920 an England; Abbruch.
SM Tb 56T, ex Delphin
12.05.1906/29.11.1906/15.06.1907, STT Triest; 1920 an England; Abbruch.
SM Tb 57T, ex Narwal
19.06.1906/17.12.1906/15.06.1908, STT Triest; 1920 an England; Abbruch.
SM Tb 58T, ex Hai
09.07.1906/23.03.1907/15.06.1908, STT Triest; 1920 an England; Abbruch.
SM Tb 59T, ex Möwe
01.08.1906/30.03.1907/15.06.1908, STT Triest; 1920 an England; Abbruch.
SM Tb 60T, ex Schwalbe
14.09.1906/09.04.1907/20.03.1909, STT Triest; 1920 an Jugoslawien; dort als T 9 in Dienst; ca. Ende 1920-er Jahre Abbruch.
SM Tb 61T, ex Pinguin
18.09.1906/18.04.1907/20.03.1909, STT Triest; 1920 an Jugoslawien; dort als T 10 in Dienst; ca. Ende 1920-er Jahre Abbruch.
SM Tb 62T, ex Drache
1-1907/13.07.1907/20.03.1909, STT Triest; 1920 an England; Abbruch.
SM Tb 63T, ex Greif
1-1907/08.07.1907/20.03.1909, STT Triest; 1920 an England; Abbruch.
SM Tb 64F, ex Triton
26.07.1907/18.07.1908/31.12.1908, Danubius Fiume; 1920 an England; Abbruch.
SM Tb 65F, ex Hydra
31.07.1907/11.10.1908/19.01.1909, Danubius Fiume; 1920 an England; Abbruch.
SM Tb 66F, ex Skorpion
14.08.1907/15.11.1908/22.01.1909, Danubius Fiume; 1920 an England; Abbruch.
SM Tb 67F, ex Phönix
07.01.1908/10.01.1909/03.08.1909, Danubius Fiume; 1920 an England; Abbruch.
SM Tb 68F, ex Krake
02.06.1908/07.02.1909/15.09.1909, Danubius Fiume; 1920 an England; Abbruch.
SM Tb 69F, ex Polyp
27.07.1908/17.04.1909/15.09.1909/15.06.1910, Danubius Fiume; 1920 an Jugoslawien; dort T 11; ca. Ende 1920-er Jahre Abbruch.
SM Tb 70F, ex Echse
22.10.1908/08.05.1909/15.06.1910, Danubius Fiume; 1920 an England; Abbruch.
SM Tb 71F, ex Molch
21.11.1908/14.07.1909/15.06.1910, Danubius Fiume; 1920 an England; Abbruch.
SM Tb 72F, ex Kormoran
13.01.1909/31.07.1909/05.03.1910, Danubius Fiume; 1920 an England; Abbruch.
SM Tb 73F, ex Alk
12.02.1909/02.10.1909/15.06.1910, Danubius Fiume; 1920 an England; Abbruch.

Anmerkungen: Parallel mit dem ersten 400-t-Zerstörer der »Huszár«-Klasse wurde auch ein 200-t-Torpedoboot bei Yarrows in England als Vorbauschiff in Auftrag gegeben, die »Kaiman«-Klasse (in der k.u.k. Marine scherzhaft die »Kaimänner« genannt). Auch hier wurden dann alle Folgeboote auf heimischen Werften gebaut. In der k.u.k. Marine wurden sie in der Gruppe der Hochseetorpedoboote geführt, hatten dafür aber ein sehr kleines Deplacement.

Namen: Die Boote waren nach Tieren und Fabelwesen benannt. Ab 1910 wurden nur noch Buchstaben und Nummern verwendet, beginnend ab 50; diese Nummern waren vorher noch nicht vergeben gewesen.

Technische Daten	Kaiman-Klasse (24 Boote)
Stapelläufe	1905–1909
Abmessungen	
Länge	56,1 m
Breite	5,4 m
Tiefgang	1,35 m
Verdrängung	200 ts (Konstruktion), 208 ts (maximal)
Maschinenanlage	Eine 3-fach-Expansions-Dampfmaschine, 2 Yarrow Wasserrohr-Kessel, 2 Kamine
Maschinenleistung	3.000 PS, Höchstgeschwindigkeit 26–27 Knoten, 2 Wellen
Bewaffnung	4 x 4,7-cm-L/33, 2-3 x Torpedorohre 45 cm (an Deck; verschiedene Aufstellungsvarianten)
Panzerung	keine
Besatzung	38 Mann

Silhouette des SM Torpedoboots SMS »Kaiman«, mit schwarzem Anstrich.

Schwarz gestrichen und noch mit dem Namen statt Nummer: SM Torpedoboot »Kormoran«. Daneben zum Größenvergleich der Zerstörer »Velebit« der »Huszár«-Klasse.

Backbord-Seitenaufnahme von SM Torpedoboot »Seehund«.

Erster Weltkrieg: Die Boote fanden intensive Verwendung bei Kampfeinsätzen aller Art im Küstenbereich. Tb 51T wurde 1915 vom französischen U-Boot »Papin« torpediert (17 Gefallene), konnte aber eingeschleppt werden, was für die schiffbauliche Qualität dieser kleinen Boote spricht. Die in St. German England zugesprochenen Einheiten wurden durchgehend an italienische Abbruchfirmen verkauft. Drei Boote gingen nach Kriegsende an Jugoslawiens Marine; sie wurden bereits Ende der 1920-er Jahre abgebrochen.

SM Torpedoboot »Krokodil« bei Manövern auf See, hohe Geschwindigkeit laufend.

Boote der »Kaiman«-Klasse, im k.u.k. Seemannsjargon »Kaimänner« genannt, in Pola, noch mit den alten Namen statt Nummern. Vorne »Delphin« und »Triton«.

SM Tb 66F, ex »Skorpion« aufgenommen in hoher Fahrt.

SM Tb 69F, ex Torpedoboot »Polyp«.

SM Tb 52T, Tb 59T, Tb 71F und Tb 66F der »Kaiman«-Klasse, nebeneinander vertäut. Die Boote tragen bereits alle Nummern und Buchstaben für den Bauort anstelle der früheren Namen.

SM Tb 54T ex »Wal« mit aufgemalter Kennung und hellgrauem Anstrich.

SM Tb 51T, ex »Anaconda«", blieb nach einem Torpedotreffer durch das französische U-Boot »Papin« im September 1915 schwimmfähig, das Vorschiff versank.

4.4. Ältere Torpedoboote

Die nachfolgenden Klassen waren als Torpedoboote im Ersten Weltkrieg bereits veraltet, aber noch als solche in Dienst. Durchwegs vor der Jahrhundertwende in Dienst gestellt, wurden sie nur mehr selten als Torpedoboote für Kampfeinsätze verwendet (z.T. in der Anfangsphase des Krieges), später aber vor allem für Hilfsaufgaben herangezogen, insbesondere zum Geleitschutz im Küstenbereich, aber auch als Minenleger, Minensucher, Bewachungsboote etc.

a. Cobra-Klasse (4 Boote)

SM Tb 16, ex Cobra
7-1897/16.07.1898/24.09.1898, Yarrow, London; 09.03.1916 vom eigenen Dampfer »Andrássy« gerammt und am Vorschiff erheblich beschädigt; 1920 an Frankreich; Abbruch.
SM Tb 15, ex Boa
2-1898/20.08.1898/24.09.1898, Yarrow, London; 1920 an Frankreich; Abbruch.
SM Tb 14, ex Kigyo
8-1897/25.01.1899/11.04.1899, Yarrow, London; 1920 an England; Abbruch (in Italien).
SM Tb 13, ex Python
6-1898/25.02.1899/11.04.1899, Yarrow, London; 1920 an Frankreich; Abbruch.

Anmerkungen: Nach intensiver Prüfung der beiden bei Schichau und Yarrows gebauten Musterboote »Natter« und »Viper« wurde zwar letzteres ausgewählt, allerdings wurden nochmals diverse Verbesserungs- und Sonderwünsche deponiert, wodurch die Konstruktionsverdrängung von 124 t auf 131 t anstieg. Vier Boote wurden im Mai 1897 bei Yarrows in London bestellt und 1898–1899 abgeliefert.

Namen: Die Boote wurden nach Schlangenarten benannt. Ab 1910 wurden ausschließlich Buchstaben und Nummern verwendet. Diese Nummern waren zuvor 1883/84 bereits an frühere Torpedoboote als lateinische Zahlen vergeben worden, diese Boote waren 1904–1909 aus der Liste der aktiven Kriegsschiffe gestrichen worden.

Erster Weltkrieg: Die Boote wurden hauptsächlich im küstennahen Geleitschutz verwendet, dazu kamen auch Einsätze gegen Landeinrichtungen und zu Flugzeugbergungen (Tb 14 war speziell dafür ausgerüstet). Tb 16 wurde 1916 von eigenem Dampfer gerammt und schwer beschädigt.

Technische Daten	**Cobra-Klasse** (4 Boote)
Stapelläufe	1898–1899
Abmessungen	
Länge	46,5 m
Breite	4,7 m
Tiefgang	2,3 m
Verdrängung	130 ts (Konstruktion)
Maschinenanlage	Eine Dreizylinder-Dreifach-Expansions-Dampfmaschine, 2 Yarrow-Wasserrohr-Kessel, 2 Kamine
Maschinenleistung	1.900 PS, Höchstgeschwindigkeit 24,5 Knoten, 1 Welle
Bewaffnung	2 x 4,7-cm-L/33, 3 x Torpedorohre 45 cm (einzeln an Deck: 1 Heck, 2 Seiten)
Panzerung	keine
Besatzung	21 Mann

Silhouette SMS »Cobra«, in den frühen Dienstjahren aufgenommen.

Ex Torpedoboot »Boa«, nunmehr SM Tb 15, in der Bocce in den frühen Kriegsjahren, mattschwarz gestrichen. Im Hintergrund ein Schlachtschiff der »Monarch«-Klasse.

SM Tb 16 ex »Cobra« im hellgrauen Anstrich, aufgenommen im März 1916.

b. Natter-Klasse (1 Boot)

SM Tb 18, Natter
1-1895/1-1896/09.08.1896, Schichau, Elbing; 1920 an England; Abbruch (in Italien).

Technische Daten	Natter-Klasse (1 Boot)
Stapelläufe	1896
Abmessungen	
Länge	47,3 m
Breite	5,3 m
Tiefgang	2,8 m
Verdrängung	163 ts (Konstruktion)
Maschinenanlage	Eine Dreifach-Expansions-Dampfmaschine, 2 Thornycroft-Wasserrohrkessel, 2 Kamine
Maschinenleistung	1.050 PS, Höchstgeschwindigkeit 24 Knoten, 1 Welle
Bewaffnung	2 x 4,7-cm-L/33, 3 x Torpedorohre 45 cm (einzeln an Deck: 1 Heck, 2 Seiten)
Panzerung	keine
Besatzung	22 Mann

Anmerkungen: Als Musterboot für den Bau einer Serie von neuen Torpedobooten wurde es im Dezember 1894 in Elbing an der Ostsee bestellt, parallel mit einem Boot in England. Das Boot blieb ein Einzelgänger, die Maschine vibrierte zu stark und war insgesamt deutlich schwerer als das von Yarrows gelieferte Boot.
Im Ersten Weltkrieg kam es in Pola für Lancierübungen und zur Schulung von Torpedobootspersonal zum Einsatz; dafür wurde 1917 die Torpedobewaffnung geändert (u.a. wurde ein Doppel-Lancierapparat mittschiffs für Schulungszwecke eingebaut).

Name: Das Boot war nach einer Schlangenart benannt. Ab 1910 wurden ausschließlich Buchstaben und Nummern verwendet. Die Nummer 18 war 1884 bereits an ein altes Torpedoboot als lateinische Zahl vergeben worden, das bereits 1907 gestrichen worden war.

Erster Weltkrieg: Als Torpedoboot war es veraltet und konnte nur mehr für zweitklassige Aufgaben verwendet werden; es kam bei Minensucheinsätzen und Konvoi-Schutzfahrten zum Einsatz.

»Natter«, bei einer Torpedo-Lancierübung.

SM Tb 18, ex »Natter«.

c. Viper-Klasse (1 Boot)

SM Tb 17, ex Viper
12-1894/16.12.1895/17.02.1896, Yarrow, London; 1920 an Frankreich; Abbruch.

Anmerkungen: Als Musterboot für den Bau einer Serie von neuen Torpedobooten im Dezember 1894 bei Yarrows in London bestellt, parallel mit einem Boot bei Schichau in Elbing. Das Boot wurde im Dezember 1896 als Grundlage für den Bau von zwei neuen Torpedobooten ausgewählt (s. »Cobra«-Klasse).

Name: Das Boot wurde nach einer Schlangenart benannt. Ab 1910 fanden ausschließlich Buchstaben und Nummern Verwendung. Die Nummer 17 war 1884 bereits an ein altes Torpedoboot als lateinische Zahl vergeben worden, das 1907 gestrichen wurde.

Erster Weltkrieg: Als Torpedoboot war es veraltet und konnte daher nur mehr für zweitklassige Aufgaben verwendet werden. Es absolvierte zahlreiche Minensucheinsätze und Konvoi-Schutzfahrten.

Technische Daten	Viper-Klasse (1 Boot)
Stapelläufe	1895
Abmessungen	
Länge	45 m
Breite	4,5 m
Tiefgang	2,3 m
Verdrängung	122 ts (Konstruktion)
Maschinenanlage	Eine Dreifach-Expansions-Dampfmaschine, 2 Yarrow-Wasserrohrkessel, 2 Kamine
Maschinenleistung	1.900 PS, Höchstgeschwindigkeit 24,5 Knoten, 1 Welle
Bewaffnung	2 x 4,7-cm-L/33, 3 x Torpedorohre 45 cm (einzeln an Deck: 1 Heck, 2 Seiten)
Panzerung	keine
Besatzung	212 Mann

SM Torpdoboot »Viper«; links dahinter ein Torpedo-Rammkreuzer der »Kaiser Franz Joseph I.«-Klasse.

d. Sperber-Klasse (22 Boote)

SM Tb 31, ex Sperber
12-1885/5-1886/06.08.1886, Schichau, Elbing; 1920 an Italien; Abbruch.
SM Tb 32, ex Habicht
12-1885/5-1886/06.08.1886, Schichau, Elbing; 1920 an Italien; dort Zollwachboot; 1925 abgebrochen.
SM Tb 33, ex Bussard
1886/5-1887/07.05.1887, Seearsenal Pola; 02.08.1918 Explosionsunfall/Brand (nicht mehr repariert); Abbruch (in Italien).
SM Tb 34, ex Condor
1886/1887/07.05.1887, Seearsenal Pola; 1920 an Italien; Abbruch.
SM Tb 35, ex Geier
1886/1887/06.06.1888, Seearsenal Pola; 1920 an Italien; Abbruch.
SM Tb 36, ex Uhu
1886/1887/06.06.1888, Seearsenal Pola; 1920 an Jugoslawien; dort D 2; Ende 1920-er Jahre abgebrochen.
SM Tb 37, ex Würger
1887/1887/14.04.1890, Seearsenal Pola; 1920 an Italien; Abbruch.
SM Tb 38, ex Kranich
1887/1887/31.08.1894, Seearsenal Pola; 1920 an Jugoslawien; dort D 3; Ende 1920-er Jahre abgebrochen.
SM Tb 39, ex Reiher
1887/1887/02.07.1893, Seearsenal Pola; 1920 an Italien; Abbruch.
SM Tb 40, ex Ibis
1887/1887/29.04.1894, Seearsenal Pola; 1920 an Italien; Abbruch.
SM Tb 25, ex Gaukler
12-1888/10.07.1889/03.04.1890, STT Triest; 1920 an Italien; dort Zollwachboot; 1925 abgebrochen.
SM Tb 26, ex Flamingo
12-1888/29.08. 1889/17.03.1990, STT Triest; am 23.08.1914 bei Porer vor Südspitze Istriens auf eigene Mine gelaufen und gesunken.
SM Tb 27, ex Sekretär
12-1888/10-1889/08.02.1990, STT Triest; 1920 an Italien; Abbruch.
SM TB 28, ex Weihe
12-1888/17.09.1889/18.01.1990, STT Triest; 1920 an Italien; Abbruch.
SM TB 29, ex Marabu
12-1888/10.08.1889/30.01.1890, STT Triest; 1920 an Italien; dort Zollwachboot; 1925 abgebrochen.
SM Tb 30, ex Harpie
12-1888/22.06.1889/18.02.1890, STT Triest; 1920 an Italien; Abbruch.
SM Tb 20, ex Kukuk
1888/12-1888/5-1889, Schichau, Elbing; 1920 an Italien; Abbruch.
SM Tb 21, ex Star
1888/05.11.1888/5-1889, Schichau, Elbing; 1920 an Jugoslawien; dort D 1; 1929 abgebrochen.
SM Tb 22, ex Krähe
1888/19.10.1888/5-1889, Schichau, Elbing; 1920 an Italien; dort Zollwachboot; 1925 abgebrochen.
SM Tb 23, ex Rabe
1888/9-1888/10.11.1888, Schichau, Elbing; 1920 an Italien; Abbruch
SM Tb 24, ex Elster
1888/19.09.1888/05.11.1888, Schichau, Elbing; 1920 an Italien; dort Zollwachboot; 1925 abgebrochen.
SM Tb 19, ex Kibitz
6-1891/1892/01.07.1892, Seearsenal Pola; 1920 an Jugoslawien; dort D 1; 1927 abgebrochen.

Anmerkungen: 1885 wurden zwei Boote (»Sperber« und »Habicht«) bei Schichau in Elbing mit den Anforderungen 74 t Verdrängung und 39 m Länge in Auftrag gegeben (als »Torpedoboote I. Klasse« bezeichnet), die Werft in Westpreußen baute damals erfolgreich Torpedoboote für die Kaiserliche Marine und für den Export. 1886 von Schichau ausgeliefert, wurden noch im selben Jahr vier Boote im Seearsenal Pola zum Nachbau in Auftrag gegeben. Insgesamt wurden sieben Boote in Elbing, neun in Pola und sechs in Triest gebaut.

Ab etwa 1904 wurden viele der Boote mit modernen Yarrow-Wasserrohrkesseln ausgerüstet und hatten dann nur einen statt zwei Kamine. Ab 1907 wurden sie auf Ölfeuerung umgestellt. Die meisten Boote wurden ab 1912 als Minensuchboote umgerüstet.

Namen: Benannt waren die Boote nach Vogelarten. Ab 1910 kamen ausschließlich Buchstaben und Nummern zur Anwendung. Die verwendeten Nummern waren davor bis zur

Nr. 39 bereits in Form lateinischer Ziffern an frühere Torpedoboote vergeben worden, die inzwischen aus der Liste der aktiven Kriegsschiffe ausgeschieden waren.

Erster Weltkrieg: Meist waren sie als Minensuchboote im Einsatz. Es gab zwei Kriegsverluste, beide durch Selbstverschulden: Tb 26 war bereits im August 1914 auf eigene Mine gelaufen, Tb 33 wurde nach einem Explosionsunfall mit brennbarer Flüssigkeit (durch Leichtsinn) im Februar 1918 kriegsbedingt nicht mehr repariert (Reparatur wäre aber in ca. vier Wochen möglich gewesen).

Technische Daten	Sperber-Klasse (22 Boote)
Stapelläufe	1886–1891
Abmessungen	
Länge	45 m
Breite	4,5 m
Tiefgang	2,3 m
Verdrängung	77 ts (Konstruktion), 82 ts (maximal)
Maschinenanlage	Eine 3-Zylinder-Expansions-Dampfmaschine, 1 Lokomotiv-Kessel, 2 Kamine; ab 1904 auf zwei Yarrow-Wasserrohrkesseln umgerüstet (einige auch Thornycroft), die auf nur einen Kamin liefen; 1907–11 z.T. auf Ölfeuerung umgerüstet
Maschinenleistung	800–1.000 PS; Höchstgeschwindigkeit 22 Knoten, 1 Welle
Bewaffnung	2 x 3,7-cm-L/23, 2-3 x Torpedorohre 35 cm (1 Bugrohr starr, 1 Heckrohr schwenkbar; teilweise auch 2 Bugrohre)
Panzerung	keine
Besatzung	16 Mann

SM Torpedoboot »Gaukler«, ebenfalls benannt nach einer Vogelart, mit nur einem Bug-Torpedorohr.

SM Tb »Rabe« der »Sperber«-Klasse, bereits mit zwei Kaminen und neuen Kesseln.

SMS »Bussard« und ein weiteres Torpedoboot der »Sperber«-Klasse. Man beachte die beiden Bug-Torpedorohre, früh gebaute Boote der Klasse führten nur eines.

SMS »Weihe« mit hellgrauem Anstrich nach 1906.

SM Torpedoboot »Sperber« in Pola; mit nur einem Kamin, im Hintergrund die Oliveninsel mit Schiffbauhallen. Ab 1904 erhielten die meisten Boote anstelle des Lokomotivkessels zwei moderne Wasserrohrkessel, wofür zwei Kamine benötigt wurden.

Ein Torpedoboot der »Sperber«-Klasse, möglicherweise »Condor«, mit sehr hellem Anstrich, d.h. nach 1906.

4.5. Küstentorpedoboote

Auf Basis von Anforderungen des Marinetechnischen Komitees für kleine Torpedoboote wurden die Bauaufträge 1908 vergeben und die Einheiten als »Küstentorpedoboote« bezeichnet (Konstruktionsentwurf 110 t). Die Bezeichnung wurde vor allem im Unterschied zu den neuen, etwa doppelt so großen »Hochseetorpedobooten« verwendet, die parallel in Planung waren.
Die Nummerierung der Boote hat groteske Züge und trägt bis heute zu sehr viel Verwirrung in der Fachliteratur bei, z.B. bei Bildunterschriften. So wurden diese zwölf Einheiten 1909/10 als Torpedoboote I bis XII in die Flotte übernommen, Nummern die genauso bereits an Boote der Jahre 1875–1885 vergeben worden waren, die jedoch alle vor 1907 als aktive Kriegsschiffe ausgeschieden waren. Da dies wohl auch marineintern für Verwirrung sorgte, wurden dann ab 1910 alle Boote per Anordnung mit arabischen statt lateinischen Nummern geführt. Man beachte: bei allen anderen Torpedobooten wurden ab 1910 die arabischen Nummern nachträglich anstelle bisheriger Namen verwendet; die Küstentorpedoboote führten dagegen nie Namen, nur Nummern.

Hinweis: Diese kleinen Küstentorpedoboote sind nicht mit den italienischen MAS (Motoscafo Armato Silurante) vergleichbar, mit denen die Regia Marina im Ersten Weltkrieg ihre größten Erfolge erzielte und die noch viel kleiner waren (ca. 12–15 t). Diese entsprechen dem Typ der kleinen Schnellboote, in direkter englischer Übersetzung auch »Motortorpedoboote« (Motor Torpedo-Boats) genannt. Ihre Entwicklungsgeschichte ist eng mit der Entwicklung des Verbrennungsmotors verbunden. Die Bezeichnung »Schnellboote« hatte sich im Ersten Weltkrieg noch nicht etabliert. Im Zweiten Weltkrieg erreichten Schnellboote dann eine Größenordnung von meist ca. 50–100 t, sind aber auch nicht mit diesen »Küstentorpedobooten« vergleichbar.

Österreich-Ungarns Marine wurde nachträglich oft kritisiert, dass sie den »MAS-Typ«, d.h. das Motortorpedoboot, vernachlässigt habe. Der Typ hat sich aber in erster Linie an der zerklüfteten dalmatinischen Küste bewährt, wo die k.u.k. Flotte operierte und die kleinen MAS gute Tarnmöglichkeiten vorfanden; an der gegenüber liegenden, schwach gegliederten italienischen Küste bieten sich solche kaum. Zudem befanden sich während des Kriegs kaum italienische Großkampfschiffe innerhalb der Adria, nachdem die k.u.k. U-Boote früh entsprechende Erfolge erzielt hatten. Der Typ MAS hätte sich also für Österreich-Ungarn wahrscheinlich nicht bewährt.
Die k.u.k. Kriegsmarine hat sich aber trotzdem früh mit der Entwicklung von kleinen Motortorpedobooten bzw. Schnellbooten beschäftigt, es wurden dafür ab 1884 auch Modelle aus England (bei Yarrows) angekauft. Und im Zuge der Planungen für die Küstentorpedoboote gab es tatsächlich alternative Überlegungen für ein 80 t großes Motortorpedoboot mit ca. 40 m Länge und 25 Knoten Geschwindigkeit. 1909 legte die besonders innovative Whitehead-Werft einen Entwurf für ein 160-t-Torpedoboot mit Dieselantrieb vor. Da war aber längst die Umsetzung des Projektes der kleinen 110-t-Küstentorpedoboote beschlossen, mit klassischen Dreifach-Expansions-Dampfmaschinen.
Das interessante Projekt eines kleinen schnellen Torpedobootes war eine Eigenentwicklung im Krieg und ging in eine ganz andere Richtung: das erste vollwertige Luftkissenboot (»Luftkissengleitboot«) der Welt, mit einer Verdrängung von 7,8 t und zwei 35-cm-Torpedos. Angetrieben wurde es von fünf Flugmotoren, wovon einer einen Luftzug unter dem Schiffskörper erzeugte. Es erreichte damit 33 Knoten Geschwindigkeit. Die erste Probefahrt erfolgte im Oktober 1915, das Projekt wurde im Krieg nicht mehr zur Frontreife gebracht (Konstrukteur war Linienschiffsleutnant Dagobert Müller von Thomamühl).

a. Küstentorpedoboote 110 t (12 Boote)

Anmerkungen: Der Bau der Boote wurde aus innenpolitischen Gründen je zur Hälfte an österreichische und ungarische Werften vergeben. Technische Probleme ergaben sich auch hier durch unterschiedliche Bauweisen: Tb 1 bis Tb 6 (Baureihe STT) hatten gegenüber Tb 7 bis Tb 12 (Baureihe Danubius) unterschiedliche Fabrikate bei Kesselanlagen, Haupt- und Hilfsmaschinen. Es mussten für beide Baureihen unterschiedliche Ersatzteillager (inklusive Schrauben und Kleinteile etc.) gehalten werden. Vergleichbare Probleme ergaben sich auch bei allen späteren Bauten für Schiffsklassen in den beiden Reichshälften, wo die Baureihen dann oft in eigene Klassen geteilt werden. Äußerlich unterscheiden sich die Boote beider Baureihen kaum, die Boote von STT hatten aber eine andere Aufstellung des Scheinwerfers, auf einem separaten Stand.

Namen: Ausschließlich Buchstaben und Nummern, keine Namen. Alle verwendeten Nummern waren davor bereits an frühere Torpedoboote vergeben worden.

Erster Weltkrieg: Die Boote wurden vielfach zur Küstenüberwachung eingesetzt, dazu für Konvoi-Fahrten sowie Minensuchaufgaben, weil sie durch die geringe Größe – und damit geringe Seefestigkeit – beschränkt waren. Tb 11 desertierte 1917 nach Italien, nachdem die beiden Offiziere von der (vorwiegend slawischen) Besatzung überwältigt worden waren, und lief mit weißer Flagge in Ancona ein.

Baureihe STT
SM Tb 1 (ex Tb I)
09.04.1909/12.08.1909/31.12.1909, STT Triest; 1920 an Italien; Abbruch.
SM Tb 2 (Tb II)
20.04.1909/27.09.1909/31.12.1909, STT Triest; 1920 an Italien; Abbruch.
SM Tb 3 (TB III)
05.051909/08.11.1909/31.12.1909, STT Triest; 1920 an Italien; Wachboot der Guardia di Finanza; 1925 abgebrochen.
SM Tb 4 (TB IV)
07.05.1909/02.12.1909/31.12.1909, STT Triest; 1920 an Italien; Abbruch.
SM TB 5 (Tb V)
20.05.1909/30.12.1909/24.02.1910, STT Triest; 1920 an Italien; Abbruch.
SM Tb 6 (Tb VI)
22.05.1909/1-1910/30.11.1910, STT Triest; 1920 an Italien; Abbruch.

Baureihe Danubius
SM Tb 7 (Tb VII)
13.07.1909/30.01.1910/29.07.1910, Danubius, Fiume; 1920 an Italien; Wachboot der Guardia di Finanza; 1926 abgebrochen.
SM Tb 8 (Tb VIII)
11.08.1909/24.02.1910/20.05.1910, Danubius, Fiume; 1920 an England; Abbruch (in Italien).
SM Tb 9 (Tb IX)
28.08.1909/22.03.1910/20.05.1910, Danubius, Fiume; 1920 an England; Abbruch (in Italien)
SM Tb 10 (Tb X)
01.10.1909/14.05.1910/13.07.1910, Danubius, Fiume; 1920 an England; Abbruch (in Italien).
SM Tb 11 (Tb XI)
23.10.1909/24.05.1910/31.12.1910, Danubius, Fiume; 05.11.1917 desertiert nach Italien; dort als »Francesco Rismondo« in Dienst; 1925 abgebrochen.
SM Tb 12 (Tb XII)
10.11.1909/31.05.1910/23.05.1911, Danubius, Fiume; †17.10.1919 im Sturm bei Paludi (Bai Castelli) gestrandet und später gesunken; dann geborgen und in Italien abgebrochen.

Technische Daten	Küstentorpedoboote 110 t (12 Boote)
Stapelläufe	1909–1910
Abmessungen	
Länge	44,2 m
Breite	4,3 m
Tiefgang	1,2 m (1,45 m für Tb 7–12)
Verdrängung	114 ts (Konstruktion) für Tb 1–6; Tb 7–12: 129 ts
Maschinenanlage	Eine Dreizylinder-Dreifach-Expansions-Dampfmaschine, 2 Yarrow-Wasserrohrkessel (Tb 1–6) bzw. 2 White-Forster Wasserohrkessel (Tb 7–12); Ölfeuerung (System Thornycroft für Tb 1–6 bzw. Babkock & Wilcox für Tb 7–12), 2 Kamine
Maschinenleistung	600 PS (Tb 1–6) bzw. 520 PS (Tb 7–12), Höchstgeschwindigkeit 28 Knoten, 1 Welle
Bewaffnung	2 x 4,7-cm-L/44, 2 x Torpedorohre 45 cm (einzeln an Deck)
Panzerung	keine
Besatzung	20 Mann

Gemälde eines unbekannten Malers von Torpedoboot I. (Sammlung Thierry/KMA)

Vorschiff von SM Torpedoboot 12; die Boote führten einige Zeit große arabische Nummern an der Bordwand und kleine lateinische unter dem vorderen 4,7-cm-Geschützstand, obwohl diese eigentlich ausdrücklich abgeschafft worden waren.

Küstentorpedoboot: SM Torpedoboot I bzw. 1 in einer Steuerbord-Seitenansicht.

SM Torpedoboot X bzw. 10.

4.6. Ehemalige Torpedoboote

Nachfolgend zur nummernmäßigen Vollständigkeit eine Auflistung aller weiteren österreichisch-ungarischen Torpedoboote, welche aber bereits vor dem Ersten Weltkrieg aus der Liste der aktiven Kriegsschiffe gestrichen worden waren. Manche dieser ehemaligen Torpedoboote waren 1914–1918 noch physisch vorhanden, wurden aber nur mehr zu reinen Hilfsdiensten verwendet, z.B. zum Personenverkehr im Hafenbereich etc. Mehrere Boote wurden nach der Streichung an private Firmen verkauft, wie z.B. Whitehead in Fiume, wo sie ebenfalls zu diversen Hilfsdiensten verwendet wurden (wie Schleppen von Zielscheiben etc.).

Charakteristisch für die Schiffserkennung ist der Umstand, dass die Torpedoboote III bis XXXII zwei Kamine nebeneinander führten (ebenso die spätere »Adler«-Klasse). Der Anstrich war durchwegs schwarz, z.T. mit dunklen Brauntönen. Die Liste enthält neben der Bezeichnung für jede Einheit das Datum des Stapellaufs und die Bauwerft sowie das Jahr der Streichung aus der Flottenliste und dazu für jede Klasse rudimentäre technische Grunddaten (Verdrängung, Geschwindigkeit, Torpedobewaffnung, Besatzung etc.).

a. Adler-Klasse (2 Boote)

Grunddaten: Verdrängung 94 ts, Geschwindigkeit 22 Knoten, 2 Bugtorpedorohre, 16 Mann; zwei Kamine nebeneinander; ab 1910: Tb 41 und Tb 42; die Boote hatten nie lateinische Nummern, die arabischen Nummern wurden für sie erstmals vergeben.

Tb 41, ex Adler, Stapellauf 09.10.1885, Yarrow, London; gestrichen 1911
Tb 42, ex Falke, Stapellauf 9-1885, Yarrow, London; gestrichen 1911

Torpedoboot »Adler« in einer Werftaufnahme von Yarrows 1885; noch ohne Masten sieht das Boot fast etwas futuristisch aus (Foto Sammlung R. Huxmann).

Torpedoboot »Adler« mit zwei nebeneinander stehenden Kaminen und zwei Bug-Torpedorohren.

b. Torpedoboote Tb 44–Tb 49/ ex XXXIV–XXXIX (6 Boote)

Grunddaten: Verdrängung 63 ts, Geschwindigkeit 20 Knoten, 1 Bugtorpedorohr, 1 Rohr an Deck (schwenkbar), 16 Mann; nur ein Kamin; ab 1910: Tb 44–Tb 49 (die arabischen Ziffern wurden durchwegs um 10 höher gereiht als die ursprünglichen lateinischen Ziffern).

Tb 44, ex Nr. XXXIV, Stapellauf 3-1889, Schichau, Elbing; gestrichen 1911; an Heer, dort »Mamula«
Tb 45, ex Nr. XXXV, Stapellauf 1-1891, Seearsenal Pola; gestrichen (?); an Heer, dort »Obostnik«
Tb 46, ex Nr. XXXVI, Stapellauf 1-1891, Seearsenal Pola; gestrichen 1911
Tb 47, ex Nr. XXXVII, Stapellauf 1-1891, Seearsenal Pola; gestrichen 1911
Tb 48, ex Nr. XXXVIII, Stapellauf 1-1891, Seearsenal Pola; gestrichen 1911; an Heer, dort »Arsa«
Tb 49, ex Nr. XXXIX, Stapellauf 1-1891, Seearsenal Pola; gestrichen 1912

SM Torpedoboot XXXVIII, 1891 in Pola vom Stapel gelaufen, aufgenommen in schwerer See.

Mehrere Torpedoboote der Klasse XXXIV bis XXXIX im Verband, bei einem Manöver in schwerer See.

c. Torpedoboot Tb 43/ ex XXXIII (1 Boot)

Grunddaten: Verdrängung 65 ts, Geschwindigkeit 19 Knoten, 2 Bugtorpedorohre, 16 Mann; nur ein Kamin; ab 1910: Tb 43 (die arabische Ziffer wurden um 10 höher gereiht als die ursprüngliche lateinische Ziffer).

Tb 43, ex Nr. XXXIII, Stapellauf 29.09.1887, Seearsenal Pola; gestrichen 1911

Zwei weitere Torpedoboote der Reihen III bis XXXII mit zwei Kaminen nebeneinander und hier mit zwei Torpedorohren im Bug, aufgenommen 1894. Der Anstrich der Torpedoboote war ursprünglich für den Nachteinsatz durchwegs schwarz, z.T. mit dunklen Brauntönen.

Torpedoboot XI in schneller Fahrt.

Das ehemalige Torpedoboot I in einer Aufnahme um 1890, bereits als Patrouillenboot auf der Donau in Verwendung.

d. Torpedoboote XXVII–XXXII (6 Boote)

Nr. XXVI,	Stapellauf 19.06.1886, Seearsenal Pola; gestrichen 1909
Nr. XXVIII,	Stapellauf 23.06.1886, Seearsenal Pola; gestrichen 1904
Nr. XXIX,	Stapellauf 26.01.1887, Seearsenal Pola; gestrichen 1904
Nr. XXX,	Stapellauf 01.02.1887, Seearsenal Pola; gestrichen 1907
Nr. XXXI,	Stapellauf 23.121887, Seearsenal Pola; gestrichen 1904
Nr. XXXII,	Stapellauf 07.01.1888, Seearsenal Pola; gestrichen 1909

Grunddaten: Verdrängung 46 ts, Geschwindigkeit 19 Knoten, 1–2 Bugtorpedorohre, 16 Mann, zwei Kamine nebeneinander.

e. Torpedoboote XI–XXVI (16 Boote)

Nr. XI, Stapellauf 04.07.1885, Seearsenal Pola; 1907 gestrichen
Nr. XII, Stapellauf 10.09.1885, Seearsenal Pola; 1907 gestrichen
Nr. XIII, Stapellauf 30.08.1883, Seearsenal Pola; 1904 gestrichen
Nr. XIV, Stapellauf 18.09.1883, Seearsenal Pola; 1904 gestrichen
Nr. XV, Stapellauf 12.05.1884, Seearsenal Pola; 1909 gestrichen
Nr. XVI, Stapellauf 31.05.1884, Seearsenal Pola; 1909 gestrichen
Nr. XVII, Stapellauf 08.11.1884, Seearsenal Pola; 1907 gestrichen
Nr. XVIII, Stapellauf 06.12.1884, Seearsenal Pola; 1907 gestrichen
Nr. XIX, Stapellauf 19.06.1885, Seearsenal Pola; 1904 gestrichen
Nr. XX, Stapellauf 08.07.1885, Seearsenal Pola; 1909 gestrichen
Nr. XXI, Stapellauf 14.12.1885, Seearsenal Pola; 1909 gestrichen
Nr. XXII, Stapellauf 07.01.1886, Seearsenal Pola; 1909 gestrichen
Nr. XXIII, Stapellauf 27.12.1885, Seearsenal Pola; 1909 gestrichen
Nr. XXIV, Stapellauf 18.01.1886, Seearsenal Pola; 1909 gestrichen
Nr. XXV, Stapellauf 09.11.1885, Seearsenal Pola; 1904 gestrichen
Nr. XXVI, Stapellauf 05.12.1885, Seearsenal Pola; 1909 gestrichen

Grunddaten: Verdrängung 46 ts, Geschwindigkeit 19 Knoten, 1–2 Bugtorpedorohre, 16 Mann, zwei Kamine nebeneinander.

f. Torpedoboote IX–X (2 Boote)

Nr. IX, Stapellauf 09.08.1881, Yarrow, London; 1904 gestrichen
Nr. X, Stapellauf 29.08.1881, Yarrow London; 1904 gestrichen

Grunddaten: Verdrängung 36 ts, Geschwindigkeit 18 Knoten, 2 Bugtorpedorohre, 15 Mann, zwei Kamine nebeneinander.

g. Torpedoboote V–VIII (4 Boote)

Nr. V, Stapellauf 04.12.1880, Seearsenal Pola; 1904 gestrichen
Nr. VI, Stapellauf 21.12.1880, Seearsenal Pola; 1904 gestrichen
Nr. VII, Stapellauf 08.01.1881, Seearsenal Pola; 1904 gestrichen
Nr. VIII, Stapellauf 14.02.1881, Seearsenal Pola; 1904 gestrichen

Grunddaten: Verdrängung 28 ts, Geschwindigkeit 18 Knoten, 2 Bugtorpedorohre, 10 Mann, zwei Kamine nebeneinander.

h. Torpedoboote III, IV (2 Boote)

Nr. III, Stapellauf 5-1879, Yarrow, London; 1904 gestrichen
Nr. IV, Stapellauf 27.05.1879, Yarrow, London; 1904 gestrichen

Grunddaten: Verdrängung 27 ts, Geschwindigkeit 17,5 Knoten, 2 Bugtorpedorohre (starr), 10 Mann, zwei Kamine nebeneinander.

i. Torpedoboot II (1 Boot)

Nr. II, Stapellauf 21.05.1878, Thornycroft, London; 1904 gestrichen

Grunddaten: Verdrängung 28 ts, Geschwindigkeit 18 Knoten, 2 Bugtorpedorohre (starr), 10 Mann, ein Kamin.

j. Torpedoboot I (1 Boot)

Nr. I, Stapellauf 19.06.1875, Thornycroft, London; 1907 gestrichen

Grunddaten: Verdrängung 7,5 ts (11 ts nach Umbau 1892), 18,2 Knoten, 2 Torpedos (bis 1879 Spierentorpedoboot; danach Fallapparate bzw. sogenannte Lancierrahmen), 9 Mann, ein Kamin.

5. Unterseeboote

Zwischen 1907 und 1910 wurden zuerst je zwei Boote der Typen Lake, Germania und Holland beschafft, um Praxiserprobungen vor weiteren Beschaffungen durchführen zu können. Sie waren durchwegs technisch nicht frontreif, aber die einzig verfügbaren Boote beim Kriegsausbruch 1914 und mussten daher eingesetzt werden. Sie erzielten bald große Erfolge, trotz fast abenteuerlicher technischer Unzulänglichkeiten.
Fünf große und hochmoderne, 1913 bei der Germaniawerft in Kiel bestellte Boote wurden kriegsbedingt nicht mehr ausgeliefert. Im Krieg wurden nur wenige Boote aus heimscher Produktion gebaut, die aber nicht modernsten Standards entsprachen, sowie deutsche Küsten-U-Boote in Lizenz gefertigt oder nach Bahntransport aus Deutschland zusammengesetzt. Insgesamt wurden bis Kriegsende 27 k.u.k. Unterseeboote in Dienst gestellt, diese waren durchwegs entweder stark veraltet oder es handelte sich nur um kleine Küsten-U-Boote. Ein größeres U-Boot wurde 1914 von der französischen Marine erbeutet, wies aber auch erhebliche technische Mängel auf.
Besonders die frühen Boote wurden oft umgebaut, z.T. auch experimentell. Die Türme weisen dabei oft äußerlich beträchtliche Unterschiede auf, was die Erkennung sehr erschwert. Die Nummerierung der k.u.k. U-Boote ist komplex und reicht für die in Dienst gestellten 27 Boote von U 1 bis U 47. Die ersten Boote wurden bis 1910 meist mit lateinischen Buchstaben benannt. 1916 sprang man bei der Bauvergabe neuer Boote auf die Zahl 101.
Die Versenkungserfolge gegen Kriegsschiffe der Entente 1914/15 führten dazu, dass im weiteren Verlauf des Kriegs kaum mehr feindliche Großkampfschiffe in die Adria einliefen. Die Erfolge sind umso höher zu werten, als die damaligen Boote wie gesagt kaum fronttauglich waren. Versenkt wurden von den k.u.k. U-Booten 1914–1918 zwei Panzerkreuzer, drei Zerstörer, zwei Torpedoboote und drei U-Boote, beschädigt ein Dreadnought-Schlachtschiff, drei Kreuzer und ein Zerstörer. Des Weiteren wurden an Handelsschiffen knapp 250.000 BRT feindliche Tonnage versenkt.
Eine größere Anzahl von U-Booten war bei Kriegsende auf verschiedenen Werften in Bau, die zwischen nur ansatzweise im Bauzustand bis zu bereits 90% fertiggestellt waren. Gemäß Einigung der Sieger bei den Friedensverhandlungen wurde keines der Boote nach dem Krieg fertiggebaut, das verbaute Material noch auf den Werften abgebrochen.

a. Nicht mehr fertiggestellte Kriegsbauten

U 115-Klasse (3 Boote)

SM U 115
Austria Werft (= STT), nur Bauauftrag vergeben.
SM U 116
Austria Werft (= STT), nur Bauauftrag vergeben.
SM U 117
Austria Werft (= STT), nur Bauauftrag vergeben.

Die Boote basierten auf dem deutschen Typ UB III. Nach Vergabe von insgesamt 17 Booten dieses Typs an Ganz & Co. und an CNT drängte auch STT (inzwischen Austria Werft) auf Aufträge für diesen Typ.

Grunddaten: Verdrängung ca. 500 ts; Bauauftrag bzw. Bootsnummern am 24.09.1918 vergeben, Bau nicht mehr begonnen.

U 107-Klasse (8 Boote)

SM U 107
Ganz Danubius, Budapest/Fiume, Kiellegung 06.03.1918, zu ca. 35% fertiggestellt.
SM U 108
Ganz Danubius, Budapest/Fiume, Kiellegung 22.04.1918, zu ca. 30% fertiggestellt.
SM U 109
Ganz Danubius, Budapest/Fiume, zu ca. 25% fertiggestellt.
SM U 110
Ganz Danubius, Budapest/Fiume, zu ca. 20% fertiggestellt.
SM U 111
Ganz Danubius, Budapest/Fiume, nur Bauauftrag vergeben.
SM U 112
Ganz Danubius, Budapest/Fiume, nur Bauauftrag vergeben.
SM U 113
Ganz Danubius, Budapest/Fiume, nur Bauauftrag vergeben.
SM U 114
Ganz Danubius, Budapest/Fiume, nur Bauauftrag vergeben.

Basierend auf deutschem Typ UB III, Lizenzbau (von Germania Werft). Im November 1916 wurde der Bau von 10 Booten beschlossen (4 in österreichischer, 6 in ungarischer Reichshälfte, s. auch U 101-Klasse). Die vier ungarischen Boote trugen die Nummern U 107–U 110 und wurden von Ganz Danubius in der DDSG-Werft in Budapest gebaut, mit Endfertigung in Fiume. Im September 1918 wurde der Bau von vier weiteren Boote an diese Werft vergeben (U 118–U 120), Fertigung aber nicht mehr begonnen.

U 101-Klasse (9 Boote)

SM U 101
Cantiere Navale, Budapest/Pola, Kiellegung 26.12.1917, zu ca. 45% fertiggestellt.
SM U 102
Cantiere Navale, Budapest/Pola, Kiellegung 26.01.1918, zu ca. 30% fertiggestellt.
SM U 103
Cantiere Navale, Budapest/Pola, Kiellegung 12.05.1918, zu ca. 15% fertiggestellt.
SM U 104
Cantiere Navale, Budapest/Pola, zu ca. 15% fertiggestellt.
SM U 105
Cantiere Navale, Budapest/Pola, zu ca. 15% fertiggestellt.
SM U 106
Cantiere Navale, Budapest/Pola, zu ca. 15% fertiggestellt.
SM U 118
Cantiere Navale Monfalcone, nur Bauauftrag vergeben.
SM U 119
Cantiere Navale Monfalcone, nur Bauauftrag vergeben.
SM U 120
Cantiere Navale Monfalcone, nur Bauauftrag vergeben.

Die Boote basierten auf deutschem Typ UB III, Lizenzbau (von Weser Werft). Im November 1916 wurde der Bau von 10 Booten beschlossen (6 von österreichischen Werften, 4 von ungarischen, s. auch U 107-Klasse). Die sechs österreichischen Boote begannen nach einem Zahlensprung nun in der Nummerierung mit 101 (U 101–U 106) und gingen an CNT, aber mit Fertigung im CNT-Werk in Budapest und Endfertigung in Pola (Monfalcone war von italienischen Truppen besetzt). Im September 1918 wurde der Bau von drei weiteren Booten an CNT in Monfalcone vergeben (U 118–U 120), deren Fertigung aber nicht mehr begonnen.

Grunddaten: Verdrängung 498 ts (620 t), 55,1 x 5,8 x 3,6 m, 5 Torpedorohre.

U 52-Klasse (4 Boote)

SM U 52
Austria Werft (=STT), zu ca. 25 % fertiggestellt
SM U 53
Austria Werft (=STT), zu ca. 10 % fertiggestellt
SM U 54
Austria Werft (=STT), nur Bauteile fertiggestellt
SM U 55
Austria Werft (=STT), nur Bauteile fertiggestellt

Der Bau von zwei großen Booten wurde 1916 bei STT in Auftrag gegeben (Projekt A6). Nachträglich im September 1918 ergingen zwei weitere Bauaufträge für diese Klasse, die Fertigung dafür aber wurde nur mehr ansatzweise begonnen.

Grunddaten: Verdrängung 848 ts (1.137 ts), 76 x 6,8 x 3,5 m, 6 Torpedorohre.

U 50-Klasse (4 Boote)

SM U 50
Ganz Danubius, Budapest/Fiume, Kiellegung 26.03.1917, zu ca. 60% fertiggestellt.
SM U 51
Ganz Danubius, Budapest/Fiume, Kiellegung 19.04.1917, zu ca. 90% fertiggestellt.
SM U 56
Ganz Danubius, Budapest/Fiume, nur Bauteile fertiggestellt.
SM U 57
Ganz Danubius, Budapest/Fiume, nur Bauteile fertiggestellt.

Der Bau von zwei Booten wurde 1915 in Auftrag gegeben und basierte auf Lizenzen der Germania Werft. Ein Boot war bei Kriegsende zu ca. 90% fertig, ein weiteres zu 60%. Nachträglich wurden 1918 noch zwei weitere Bauaufträge vergeben, die Fertigung dafür aber nur mehr ansatzweise begonnen.

Grunddaten: Verdrängung 840 ts (1.100 ts), 71,6 x 6,3 x 3,8 m, 6 Torpedorohre.

U 48-Klasse (4 Boote)

SM U 48
Cantiere Navale, Budapest/Pola; Kiellegung 29.11.1916, zu ca. 70% fertiggestellt.
SM U 49
Cantiere Navale, Budapest/Pola; Kiellegung 12.12.1916, zu ca. 55% fertiggestellt.
SM U 58
Cantiere Navale Monfalcone, nur Bauteile fertiggestellt.
SM U 59
Cantiere Navale Monfalcone, nur Bauteile fertiggestellt.

Der Bau von zwei großen U-Booten wurde im Oktober 1915 bei Ganz Danubius in Budapest in Auftrag gegeben, mit Endmontage in Pola (basierend auf Lizenzen der Weser Werft). Das erste Boot war bei Kriegsende zu über 70% fertig, ein weiteres zu über 50%. Nachträglich ergingen im September 1918 zwei Bauaufträge auch an CNT Monfalcone, welche aber nur mehr ansatzweise begonnen wurden.

Grunddaten: Verdrängung 818 ts (1.183 ts), 73,25 x 6,7 x 3,3 m, 6 Torpedorohre.

b. U 43-Klasse – Deutscher Typ B II (2 Boote)

SM U 43 (ex Kaiserlich-Deutsche Marine UB 43)
03.09.1915/08.04.1916/24.04.1916 für Deutschland (a.D. 21.07.1917) und 30.07.1917 i.D. für Österreich-Ungarn, Weserwerft Bremen/Pola; 1920 an Frankreich; Abbruch.
SM U 47 (ex Kaiserlich-Deutsche Marine UB 47)
04.09.1915/17.06.1916/04.07.1916 für Deutschland (a.D. 21.07.1917) und 30.07.1917 i.D. für Österreich-Ungarn, Weserwerft Bremen /Pola; 1920 an Frankreich; Abbruch.

Anmerkungen: Zweihüllenboote Typ B II (die auch im Mittelmeer verwendete Typengruppen B standen in der Kaiserlichen Marine für Küsten-U-Boote, C für Minen-U-Boote; Österreich-Ungarn übernahm diese Unterscheidung nicht).
In Deutschland gebaut, wurden beide 1916 zerlegt und per Bahn nach Pola transportiert. Am 24. April 1916 (UB 43) und 04. Juli 1916 (UB 47) wurden sie für die Kaiserlich-Deutsche Marine in Dienst gestellt. Nach Frontverwendung als deutsche U-Boote hat sie Österreich-Ungarn erheblich gebraucht angekauft und am 30. Juli 1917 übernommen.

Namen: Verwendet wurden ausschließlich Buchstaben und Nummern, keine Namen.

Erster Weltkrieg: Mehrere Feindfahrten als k.u.k Boot. U 47 versenkte am 20. September 1918 das französische U-Boot »Circé«. Beide Boote überlebten den Krieg.

Technische Daten	U 43-Klasse, Typ B II der Kaiserlich-Deutschen Marine (2 Boote)
Stapelläufe	1916 (1917 von Deutschland gekauft)
Abmessungen	
Länge	36,9 m
Breite	4,35 m
Tiefgang	3,7 m
Verdrängung	272 t (über Wasser), 307 t (unter Wasser)
Maschinenanlage	Zwei Dieselmotoren, jeweils 150 PS; Für Unterwasserfahrt: Zwei Elektromotoren, jeweils 140 PS
Maschinenleistung	9 Knoten Höchstgeschwindigkeit (7,5 Knoten unter Wasser), 2 Wellen
Bewaffnung	1 × 8,8-cm-L/30 (deutsche Originalausstattung), 2 × Torpedorohre 45 cm (Bug), 4–5 Torpedos
Panzerung	keine
Besatzung	19 Mann

SM U 43 in Pola, während des Besuchs von Kaiser Karl I. im Zentralkriegshafen Pola.

SM U 47 auf See, ausgerüstet mit dem original deutschen 8,8-cm-Geschütz.

c. U 27-Klasse – Deutscher Typ B II (8 Boote)

SM U 27
25.05.1916/19.10.1916/24.02.1917, CNT Pola; 1920 an Italien; Abbruch.
SM U 28
28.06.1916/08.01.1917/26.05.1917, CNT Pola; 1920 an Italien; Abbruch.
SM U 29
03.03.1916/21.10.1916/23.01.1917, Danubius Budapest/Fiume; 1920 an Italien; Abbruch.
SM U 30
09.03.1916/27.12.1916/17.02.1917, Danubius Budapest/Fiume; seit April 1917 vermisst (Mine Otranto-Sperre?)
SM U 31
04.07.1916/20.03.1917/24.04.1917, Danubius Budapest/Fiume; 1920 an Frankreich; Abbruch.
SM U 32
18.07.1916/11.05.1917/29.06.1917, Danubius Budapest/Fiume; 1920 an Italien; Abbruch.
SM U 40
08.09.1916/21.04.1917/04,08,1917, CNT Budapest/Pola; 1920 an Italien; Abbruch.
SM U 41
20.11.1916/11.11.1917/19.02.1918, CNT Budapest/Pola; 1920 an Frankreich; Abbruch.

Anmerkungen: Zweihüllenboote, Lizenzbauten auf Basis des deutschen Typs B II.
CNT baute kriegsbedingt z.T. am Standort Pola (U 27, U 28, U 40, U 41), teilweise in Budapest. Ganz Danubius & Co. baute teilweise auch in Budapest, die Boote wurden 1916/17 zerlegt per Bahn nach Pola zum Fertigbau transportiert.

Namen: Ausschließlich Buchstaben und Nummern wurden verwendet, keine Namen.

Erster Weltkrieg: Zahlreiche, z.T. sehr erfolgreiche Feindfahrten: U 27 versenkte im Mai 1918 den britischen Zerstörer HMS »Phoenix« und torpedierte zuvor im Juni 1917 den japanischen Zerstörer »Sakaki« (Vorschiff gesunken), U 29 torpedierte im April 1918 den englischen Kreuzer HMS »Edgar« und U 31 im Oktober 1918 den Kreuzer HMS »Weymouth«. Ein Kriegsverlust: U 30 lief am 31. März 1917 aus der Bocce zu einer Feindfahrt aus und gilt seit April 1917 als vermisst; es sind keine Feindberichte über eine Versenkung überliefert; wahrscheinlich fiel das Boot einem Minentreffer (Otranto-Sperre?) zum Opfer oder es ereignete sich ein Unfall.

Technische Daten	U 27-Klasse, Typ B II der Kaiserlich-Deutschen Marine (8 Boote)
Stapelläufe	1916–1917
Abmessungen	
Länge	36,9 m
Breite	4,35 m
Tiefgang	3,7 m
Verdrängung	272 t (über Wasser), 307 t (unter Wasser)
Maschinenanlage	Zwei Dieselmotoren, jeweils 150 PS; Für Unterwasserfahrt: Zwei Elektromotoren, jeweils 140 PS
Maschinenleistung	9 Knoten Höchstgeschwindigkeit (7,5 Knoten unter Wasser), 2 Wellen
Bewaffnung	1× 7,5-cm-L/30 Škoda, 2 × Torpedorohre 45 cm (Bug): 5 Torpedos
Panzerung	keine
Besatzung	19 Mann

Badetag im Mittelmeer: SM U 27, Detailaufnahme des Turms.

SM U 28 Vorderansicht, Steuerbord.

SM U 28, Werftaufnahme.

SM U 29 an der Bocce.

SM U 40 mit an Deck angetretener Besatzung.

d. U 20-Klasse – Typ Havmanden (4 Boote)

SM U 20
20.09.1915/18.09.1916/20.10.1917, Seearsenal Pola; am 04.07.1918 vor der Mündung des Tagliamento durch Torpedo italienisches U-Boot F 12 versenkt.
SM U 21
29.03.1905/15.08.1916/15.08.1917, UBAG, Fiume; 1920 an Italien; Abbruch.
SM U 22
29.03.1905/27.01.1917/23.11.1917, UBAG, Fiume; 1920 an Frankreich; Abbruch.
SM U 23
08.12.1915/05.01.1917/25.11.1917, Seearsenal Pola; am 21.02.1918 vor Valona, Albanien durch italienisches Torpedoboot »Airone« versenkt.

Anmerkungen: Einhüllenboote, Typ Havmanden. Die Whitehead-Werft in Fiume, die als Geburtsstätte des Torpedos Berühmtheit erlangt hatte, wollte unbedingt in den U-Bootsbau einsteigen und entwickelte diesen Typ, angelehnt an den Typ Holland (s. U 5-Klasse). Dänemark bestellte drei Boote, die 1911/12 als »Havmanden«-Klasse gebaut wurden.
Bei Kriegsbeginn 1914 bereits technisch überholt. Mangels brauchbarer Alternativen an sofort verfügbaren Konstruktionsplänen wurden dennoch von der Marineführung (ohne jegliche Überzeugung) vier U-Boote bei Whitehead in Auftrag gegeben, die für den U-Bootsbau formal die kriegsbedingt gegründete Tochter UBAG (U-Bootsbau Aktiengesellschaft) heranzog. Sie bewährten sich im Einsatz nicht besonders; es gab viele technische Probleme.

Namen: Ausschließliche Verwendung von Buchstaben und Nummern, keine Namen.

Erster Weltkrieg: Es fanden mehrere Feindfahrten statt, aber es gab keine Versenkungserfolge. Zwei Kriegsverluste ereigneten sich, beide 1918: U 23 wurde vor Valona (Vlorë), Albanien, durch das italienische Torpedoboot »Airone« versenkt, U 20 in der nördlichen Adria von dem italienischen U-Boot F 12 (es gab keine Überlebenden). Das Wrack blieb im seichten Wasser ein Hindernis für lokale Fischer und wurde 1962 geborgen. Der Turm des Bootes ist heute im Heeresgeschichtlichen Museum (HGM) in Wien ausgestellt.

Technische Daten	U 20-Klasse, Typ Havmanden (4 Boote)
Stapelläufe	1916–1917
Abmessungen	
Länge	38,8 m
Breite	3,6 m
Tiefgang	2,75 m
Verdrängung	240 ts (über Wasser), 273 ts (unter Wasser)
Maschinenanlage	Ein 6-Zylinder-Viertakt-MAN-Diesel mit 450 PS; Für Unterwasserfahrt: Ein Elektromotor mit 160 PS
Maschinenleistung	12 Knoten Höchstgeschwindigkeit (9 Knoten unter Wasser), 1 Welle
Bewaffnung	1× 7-cm-L/26 Škoda, 2 × Torpedorohre 45 cm (Bug); 4 Torpedos
Panzerung	keine
Besatzung	15 Mann

SM U 22 in Pola.

SM U 21 in Brioni bei der Torpedoübernahme. Brioni (Brijuni) entwickelte sich im Krieg auch zu einem Stützpunkt für k.u.k. Unterseeboote, die Besatzungen wohnten in den modernen Hotels der vor 1914 vom Industriellen Paul Kupelwieser touristisch gut entwickelten Inselgruppe, die direkt vor Pola liegt.

Eine Aufnahme von SM U 23.

e. U 10-Klasse – Deutscher Typ UB I (5 Boote)

SM U 10 (ex UB 1)
07.10.1914/02.02.1915/12.07.1915, Germaniawerft, Kiel/Pola; am 09.07.1918 Minentreffer vor Caorle, gestrandet; in Italien abgebrochen.
SM U 11 (ex UB 15)
11.02.1914/20.07.1914/18.06.1915, Weserwerft, Bremen/Pola; 1920 an Italien; Abbruch.
SM U 15
4-1915/1915/06.10.1915, Weserwerft Bremen/Pola; 1920 an Italien; Abbruch.
SM U 16
4-1915/1915/06.10.1915, Weserwerft Bremen/Pola; am 17.10.1916 südlich Valona/ Vlorë, Albanien vom Dampfer »Bormida« gerammt und dabei versenkt.
SM U 17
4-1915/1915/06.10.1915, Weserwerft Bremen/Pola; 1920 an Italien; Abbruch.

Anmerkungen: Einhüllenboote Typ UB I für den küstennahen Einsatz. U 10 wurde in Kiel für Deutschland gebaut, die anderen vier Boote in Bremen für Österreich-Ungarn bestellt (U 11 aber designiert mit deutscher Bezeichnung UB 15). Zwischen Mai und September 1915 kamen sie per Bahn zerlegt in Pola an (in 3 Sektionen) und wurden im Seearsenal zusammengebaut. Zwischen Juli und Oktober 1915 wurden sie bei der k.u.k. Marine in Dienst gestellt.

SM U 10 in Brioni mit an Deck befindlicher Besatzung.

Namen: Verwendet wurden ausschließlich Buchstaben und Nummern, keine Namen.

Erster Weltkrieg: Intensive Kriegseinsätze, z.T. recht erfolgreiche Feindfahrten: U 11 versenkte im Juni 1915 das italienische U-Boot »Medusa«, U 10 im Juni 1915 das italienische Torpedoboot 5 P.N., U 15 im Juni 1916 den französischen Zerstörer »Fourche« und den Hilfskreuzer »Cittá di Messina«, U 17 im Juli 1916 den italienischen Zerstörer »Impetuoso« und U 16 am 17. Oktober 1916 das italienische Torpedoboot »Nembo« vor Valona (Vlorë), Albanien; bei diesem Angriff ging das Boot aber selbst verloren, wahrscheinlich nach Rammung durch den Dampfer »Bormida« (11 Tote). Ein weiterer Kriegsverlust: U 10 wurde nach einem Minentreffer im Juli 1918 auf Strand gesetzt, nach Venedig geschleppt, aber bis Kriegsende nicht mehr repariert.

Technische Daten	**U 10-Klasse, Typ B I der Kaiserlich-Deutschen Marine** (5 Boote)
Stapelläufe	1915
Abmessungen	
Länge	27,9 m
Breite	3,15 m
Tiefgang	2,7 m
Verdrängung	127 ts (über Wasser), 143 ts (unter Wasser)
Maschinenanlage	Ein Vierzylinder-Viertakt-Dieselmotor mit 60 PS (sic!); Für Unterwasserfahrt: Ein Elektromotor mit 120 PS
Maschinenleistung	6 Knoten Höchstgeschwindigkeit (9 Knoten unter Wasser), 1 Welle
Bewaffnung	1 × 3,7 cm (bzw. 4,7 cm), 2 × Torpedorohre 45 cm (Bug): 2 Torpedos
Panzerung	keine
Besatzung	15 Mann

Detailaufnahme des Turms und Mittelteils von SM U 10.

SM U 17 einlaufend in der Bocce di Cattaro (Bucht von Kotor).

f. U 14-Klasse – Ex Französisch »Curie« (1 Boot)

SM U 14
1907/18.07.1912/01.06.1915 für k.u.k. Marine, Arsenal du Mourillon, Toulon; 1919 an Frankreich retourniert und dort wieder als »Curie« in Dienst, 1929 gestrichen und 1930 abgebrochen.

Anmerkungen: Ex-Name »Curie«, ein Zweihüllenboot der französischen Marine, »Brumaire«-Klasse. Beim Versuch, in die Bucht von Pola einzudringen, blieb es am 20./21. Dezember 1914 an der Netzsperre hängen, wurde von SMS »Magnet« und Tb 63T in der Hafeneinfahrt beschossen und versenkt. Am 02. Februar 1915 wurde es (nach Hebung) als Kriegsbeute übernommen; im Juni 1915 kam es als U 14 in Dienst für die k.u.k. Kriegsmarine.

Name: In Österreich-Ungarn gab es als Bezeichnung nur Buchstabe und Laufnummer. In Frankreich wurde es zuvor benannt nach der in Warschau geborenen Radiologin und Nobelpreisträgerin Marie Curie (1867–1934).

Erster Weltkrieg: Wegen großer technischer Unzulänglichkeiten wurden 1916 erhebliche Umbauten durchgeführt. Zahlreiche Feindfahrten fanden für Österreich-Ungarn statt. 1919 wurde das Boot an Frankreich retourniert.

Technische Daten	U 14-Klasse, ex Französisch »Curie«/»Brumaire«-Klasse (1 Boot)
Stapelläufe	1912 (1914 vor Pola erbeutet)
Abmessungen	
Länge	52,15 m
Breite	5,2 m
Tiefgang	3,2 m
Verdrängung	410 ts (über Wasser), 552 ts (unter Wasser)
Maschinenanlage	Zwei 6-Zylinder-Viertakt-Diesel, je ca. 240 PS; nach Umbau 1916: zwei 6-Zylinder-Viertakt-Diesel, je 420 PS; Für Unterwasserfahrt: Zwei Elektromotoren, jeweils 330 PS
Maschinenleistung	12 Knoten Höchstgeschwindigkeit (8 Knoten unter Wasser), 2 Wellen
Bewaffnung	1 × 3,7-cm-L/23 (ab 1916: 1 x 8,8-cm-L/30 aus Deutschland), 4 × schwenkbare Breitseitlancierrahmen System Drzewiecky, 2 × Torpedorohre im Deckaufbau, Kaliber 45 cm; 8 Torpedos
Panzerung	keine
Besatzung	28 Mann

SM U 14 (ex »Curie«) nach Indienststellung für Österreich, in der Bucht von Pola mit angetretener Besatzung. Man beachte das etwas seltsame Turm-Gestell französischer Herkunft.

SM U 14 nach dem Umbau in Pola, nun mit einem »richtigen« U-Bootsturm.

Das französische Beute-U-Boot SM U 14. Es handelte sich um eine sehr eigenwillige Konstruktion, die nach der Bergung viele Umbauten nötig machte, um sinnvoll einsatzfähig zu sein.

Detailaufnahme von SM U 14 kurz nach der Bergung und Indienststellung für die k.u.k. Marine. Der extrem kleine Turm wurde durch ein Gestell für den Auslug (Ausguck) ergänzt, auf dem der Kommandant zu erkennen ist (hier Georg von Trapp), auf der Seite vier schwenkbare Breitseitlancierrahmen System Drzewiecky für die Torpedos. Nach Probefahrten wurde das Boot nach den Erfahrungen und Empfehlungen Georg von Trapps erheblich umgebaut.

g. U 7-Klasse (5 Boote; nicht geliefert)

SM U 7–U 11
1913 bei Germaniawerft in Kiel bestellt, 1914 verkauft (Kaiserlich-Deutsche Marine: U 66–U 70).

Anmerkungen: Nach Erprobung der Typen Lake, Germania und Holland, die eher als Versuchsboote bezeichnet werden können, wurden 1912 fünf moderne, große Boote zum Bau ausgeschrieben. Die Versuche mit den sechs Booten hatten die schweren Mängel bzw. Kinderkrankheiten dieser frühen Typen, die z.T. noch Benzinmotoren verwendeten, gezeigt. Die internationale Entwicklung schritt schnell voran und die k.u.k. Kriegsmarine hatte erkannt, dass es eines weitaus größeren und komplexeren Typs von 500 bis 1000 t bedurfte, der im gesamten Mittelmeer eingesetzt werden sollte.
Whitehead in Fiume beteiligte sich mit viel Energie und Einsatz mit dem selbstentwickelten Typ K1. Die Germaniawerft in Kiel bot den modernen Typ 506d an, der preislich deutlich günstiger war als das Whitehead-Angebot und erhielt schließlich den Auftrag, die Bestellung erfolgte am 01. Februar 1913 als U 7 bis U 11. Der Entscheidungsprozess war dabei marineintern sehr emotional verlaufen.
Die Abmessungen betrugen 69,5 x 6,3 x 3,79 m, Verdrängung 695 ts / 885 ts (in der ausgeführten Version 791 ts / 933 ts). Die Konstruktion sah ursprünglich einen extrem kleinen Turm vor, der nur als Einstieg ins Bootsinnere diente, das Periskop war in der Zentrale darunter; dadurch war der Unterwasser-Widerstand geringer. Zahlreiche Spezifikationen für österreichische Industrievorgaben wie 45-cm-Torpedos, Škoda-Geschütze etc. wurden gefordert. Die Germania-Baunummern waren 203 bis 207, die erste Kiellegung erfolgte am 01. November 1913, die letzte am 11. Februar 1914. Die fünf U-Boote hätten eine extreme Kampfwertsteigerung der k.u.k. Marine im Mittelmeer bedeutet.
Wien glaubte, dass die Boote kriegsbedingt nach Fertigstellung nicht ausgeliefert werden könnten und nahm am 28. November 1914 das Angebot aus Berlin an, die fünf unfertigen Boote in Bau zu kaufen, bei voller Rückerstattung der Anzahlung in Originalvaluta (im Mai 1915 zeigte dann das deutsche Boot U 21 unter seinem Kommandanten Otto Hersing, dass es relativ problemlos möglich war, mit modernen U-Booten von der Nordsee direkt bis in die Adria zu fahren). Die fünf U-Boote wurden als »Typ UD« bzw. »Kriegsauftrag D« auf deutsche Standards umgerüstet und zwischen April und Juli 1915 als U 66 bis U 70 in Dienst gestellt. Sie wurden in der Nordsee und im Atlantik eingesetzt (bewusst nie im Mittelmeer!) und erzielten dort zum Teil enorme Versenkungserfolge, mehr als alle alten, durchwegs technisch obsoleten oder zu kleinen k.u.k. U-Boote zusammen. Sie versenkten insgesamt 124 Handelsschiffe mit 293.845 BRT sowie zwei kleine Hilfskriegsschiffe; 11 Handelsschiffe mit 48.747 BRT wurden beschädigt, dazu ein leichter Kreuzer; ein Handelsschiff wurde als Prise eingebracht.
Zudem hatte die österreichische Werftindustrie durch die Bauvergabe der modernen Boote ins Ausland bei Kriegsbeginn 1914 keine leistungsfähige Infrastruktur und kein echtes Know-how im modernen U-Bootsbau aufzuweisen, was sich im Krieg bald als enormer strategischer Nachteil erwies.

Das k.u.k. U-Boot U 9 der U 7-Klasse in Bau bei der Germania-Werft in Kiel im Frühjahr 1914; es wurde später als U 68 für die Kaiserliche Marine in Dienst gestellt (Foto Sammlung E. Rössler).

U 70 als U-Boot der Kaiserlich-Deutschen Marine, bestellt 1913 als U 11 für die k.u.k. Kriegsmarine bei den Germania-Werken in Kiel (Foto Dr. P. Schenk/ Archiv Gröner-Kreis).

h. U 5-Klasse – Typ Holland (3 Boote)

SM U 5
09.04.1908/10.02.1909/01.04.1910, Whitehead-Werft Fiume; 16.05.1917 vor Fasan von Mine getroffen und gesunken; geborgen und repariert; 1920 an Italien; Abbruch.
SM U 6
21.02.1908/12.06.1909/01.07.1910, Whitehead-Werft Fiume; am 13.05.1916 an der Otranto-Netzsperre hängengeblieben; selbstversenkt.
SM U12 (gebaut als S.S. 3; 1914 angekauft)
1909/14.03.1911/21.08.1914; Whitehead-Werft Fiume; gesunken am 08.08.1915 (Minentreffer vor Venedig, keine Überlebenden).

Anmerkungen: Einhüllenboot, gebaut auf der Whitehead-Werft in Fiume, basierend auf der Konstruktion des irisch-amerikanischen Erfinders John Philipp Holland; der Typ entspricht der USS »Octopus«, C-Klasse. Einige Einzelteile wurden von der Electric Boat Company Co., Newport Connecticut geliefert. Ein drittes Boot wurde von der Whitehead-Werft als S.S.3 auf eigene Rechnung gebaut und international zum Verkauf angeboten, vorerst ohne Erfolg. Erst bei Kriegsausbruch 1914 wurde es von der k.u.k. Kriegsmarine angekauft und als U 12 in Dienst gestellt.

Namen: Ausschließlich Buchstaben und Nummern wurden verwendet, keine Namen.

Erster Weltkrieg: Technisch waren die Boote nur sehr bedingt fronttauglich, trotzdem wurden sie umfangreich eingesetzt (mangels Alternativen). U 12 torpedierte am 21. Dezember 1914 das französische Dreadnought-Schlachtschiff »Jean Bart« in der Otranto-Straße (Bugtreffer; in Malta repariert), womit das Ende der Präsenz von feindlichen Großkampfschiffen in der Adria eingeläutet wurde. U 5 versenkte am 27. April 1915 den französischen Panzerkreuzer »Léon Gambetta« (684 Gefallene) und im August des Jahres das italienische U-Boot »Nereide« sowie am 08. Juni 1915 den italienischen Hilfskreuzer »Principerte Uberto« (1750 Gefallene), U 6 im März 1916 den französischen Zerstörer »Renaudin«. Zwei Kriegsverluste: U 12 lief beim Versuch in den Hafen von Venedig einzudringen 1915 auf eine Mine (keine Überlebenden); U 6 blieb am 13. Mai 1916 in der Otranto-Sperre an Netzen hängen und musste von der eigenen Besatzung versenkt werden (dabei keine Mannschaftsverluste).

Technische Daten	U 5-Klasse, Typ Holland (2 + 1 Boote)
Stapelläufe	1909 (U 12: leicht modifizierter Typ Holland, 1911)
Abmessungen	
Länge	32,1 m
Breite	4,2 m
Tiefgang	3,9 m
Verdrängung	240 ts (über Wasser), 273 ts (unter Wasser)
Maschinenanlage	Zwei 6-Zylinder-Benzinmotoren, je 250 PS (U 6 ab 1915 Dieselmotoren); Für Unterwasserfahrt: Zwei Elektromotoren, je 115 PS
Maschinenleistung	11 Knoten Höchstgeschwindigkeit (8,5 Knoten unter Wasser), 2 Wellen
Bewaffnung	1 × 3,7-cm-L/23 (später z.T. 4,7-cm- und 7,5-cm-L/30 Škoda), 2 × Torpedorohre 45 cm, (Bug); 4 Torpedos
Panzerung	keine
Besatzung	19 Mann

Der Turm von SM U 5 mit dem erfolgreichen U-Boot-Kommandanten Georg von Trapp, dessen Musical-Verfilmung seiner Lebensgeschichte einer der erfolgreichsten Kassenschlager Hollywoods wurde, das bis heute das Österreich-Bild in vielen Ländern nachhaltig prägt (»Sound of Music«).

Der Nachzügler U 12 (ex S.S. 3) wurde ursprünglich von der Whithead-Werft auf eigene Rechnung gebaut und erst 1914 von der k.u.k. Kriegsmarine angekauft. Man beachte die lange Zeit für alle U-Boote übliche rot-weiß-rote Bugbemalung.

SM U 12 in der Bocce, längsseits des Torpedodepotschiffs (U-Bootender) SMS »Gäa« (ex Schnelldampfer »Fürst Bismarck« der HAPAG).

U 5 einlaufend in die Bucht von Pola, bei Monumenti.

U 6 mit dem Turm in einer versuchsweise neu gestalteten Tarnbemalung.

i. U 3-Klasse – Typ Germania (2 Boote)

SM U 3
12.03.1907/20.08.1908/12.09.1909, Germaniawerft Kiel; versenkt am 13.08.1915 durch Artillerie des französischen Zerstörers »Bisson«.
SM U 4
12.03.1907/20.11.1908/29.08.1909, Germaniawerft Kiel; 1920 an Frankreich; Abbruch.

Anmerkungen: Verbesserter Entwurf des deutschen Typs U 1. Von Kiel (über Gibraltar) nach Pola geschleppt, dort ausgerüstet. Zweihüllenboot, noch mit Petroleummotoren.

Namen: Ausschließlich Buchstaben und Nummern, keine Namen.

Erster Weltkrieg: Nur sehr bedingt fronttauglich, aber (mangels Alternativen) umfangreich eingesetzt. Trotz seiner technischen Unzulänglichkeiten konnte U 4 am 18. Juli 1915 den italienischen Panzerkreuzer »Giuseppe Garibaldi« (53 Gefallene) versenken und im Juni 1915 den britischen Kreuzer HMS »Dublin« durch Torpedotreffer beschädigen. Ein Kriegsverlust: U 3 wurde im August 1915 vom italienischen Hilfskreuzer »Città di Catania« gerammt und nach erzwungenem Auftauchen vom französischen Zerstörer »Bisson« durch Artillerie versenkt (7 Tote).

Technische Daten	U 3-Klasse, Typ Germania (2 Boote)
Stapelläufe	1907
Abmessungen	
Länge	43,2 m
Breite	3,8 m
Tiefgang	2,95m
Verdrängung	240 ts (über Wasser), 300 ts (unter Wasser)
Maschinenanlage	Zwei 8-Zylinder-Zweitakt-Petroleummotoren mit je 300 PS; Für Unterwasserfahrt: Zwei Elektromotoren mit je 160 PS
Maschinenleistung	12 Knoten Höchstgeschwindigkeit (8,5 Knoten unter Wasser), 2 Wellen
Bewaffnung	1× 3,7-cm-L/23 (1 x 7-cm-Škoda ab 1915), 2 × Torpedorohre 45 cm (2 Bug, 1 Heck); 3 Torpedos
Panzerung	keine
Besatzung	21 Mann

Die in Kiel gebauten Unterseebote U 3 und U 4 in der Bucht von Pola.

j. U 1-Klasse – Typ Lake (2 Boote)

SM U 1
02.07.1907/10.02.1909/15.04.1911, Seearsenal Pola, 1920 an Italien; Abbruch.
SM U 2
18.07.1907/03.04.1909/22.06.1911, Seearsenal Pola; 1920 an Italien; Abbruch.

Anmerkungen: Diese Einhüllenboote wurden in Pola gebaut und basierten auf der Konstruktion von Simon Lake (Lake Torpedo Boat Company, Bridgeport, Connecticut). Von dort wurden auch einige Teile nach Pola geliefert.

Namen: Verwendet wurden ausschließlich Buchstaben und Nummern, keine Namen.

Erster Weltkrieg: Trotz kaum vorhandener Fronttauglichkeit wurden die Boote anfangs auch für Kampfeinsätze verwendet, im weiteren Kriegsverlauf dann aber hauptsächlich für Schulungszwecke.

Technische Daten	U 1-Klasse, Typ Lake (2 Boote)
Stapelläufe	1909
Abmessungen	
Länge	30,7 m
Breite	3,6 m
Tiefgang	3,85 m
Verdrängung	223 ts (über Wasser), 278 ts (unter Wasser)
Maschinenanlage	Zwei Benzinmotoren mit je 360 PS (1915 Dieselmotoren); Für Unterwasserfahrt: Zwei Elektromotoren mit je 100 PS
Maschinenleistung	10,5 Knoten Höchstgeschwindigkeit (6 Knoten unter Wasser), 2 Wellen
Bewaffnung	1 × 3,7-cm-L/23, 3 × Torpedorohre 45 cm (2 Bug, 1 Heck); 3 Torpedos
Panzerung	keine
Besatzung	17 Mann

SM U 1, Turm.

SM U 1, dahinter U 2 auf Brioni.

k. Nachtrag: Deutsche U-Boote im Mittelmeer

Italien erklärte Österreich-Ungarn im Mai 1915 den Krieg, dem Deutschen Reich aber erst im August 1916. Mehrere Dutzend deutsche U-Boote im Mittelmeer wurden ab 1915 pro forma an die k.u.k. Marine übergeben und mit ihren deutschen Besatzungen für Österreich-Ungarn in Dienst gestellt, um Schwierigkeiten mit dem Kriegsvölkerecht zu vermeiden, d.h. um auch italienische Schiffe angreifen zu können. Zumindest ein Besatzungsmitglied war dabei in der Regel tatsächlich stets ein Angehöriger der k.u.k. Marine. Auch nach dem Kriegszustand zwischen Italien und Deutschland blieben einige U-Boote noch lange formal als österreichisch-ungarische Kriegsschiffe in Dienst.

Die deutschen Boote fanden im Mittelmeerbereich optimale Operationsbedingungen. Die Versenkungszahlen, gemessen an der Anzahl der eingesetzten Boote, waren größer als in allen anderen Seegebieten. Insgesamt versenkten sie an Tonnage rund 3,6 Million BRT, d.h. etwa ein Drittel des gesamten im Krieg von deutschen U-Booten versenkten Schiffsraums (zum Vergleich: Österreich-Ungarns Unterseeboote versenkten nur etwa eine Viertelmillion BRT an Handelsschiffstonnage).

In Gjenovic, in der Bocche di Cattaro wurde ein Stützpunkt für deutsche (und k.u.k.) U-Boote eingerichtet, größere Reparaturen meist in Pola durchgeführt.

Die ersten (kleinen) Boote vom Typ UB und UC kamen zerlegt mit der Eisenbahn nach Pola für den Einsatz in den Gewässern des verbündeten Osmanischen Reiches. Am 01. April 1915 schuf die kaiserliche Marine das »U-Boot-Sonderkommando Pola«, um den Zusammenbau der per Bahn nach Pola überführten U-Boote zu beaufsichtigen und zu unterstützen. Im Mai 1915 schuf das große Boot U 21 (Kapitänleutnant Otto Hersing) neue Tatsachen und fuhr direkt von der Nordsee in die Adria; das Boot operierte dann sehr erfolgreich bei den Dardanellen. Nachfolgend wurden zahlreiche große U-Boote direkt von Deutschland ins Mittelmeer verlegt, weiterhin parallel auch kleinere Boote zerlegt per Bahn.

Am 01. Juli 1915 wurde die deutsche »U-Halbflottille Pola« gegründet, die am 18. November 1915 in »U-Flottille Pola« und im Juni 1917 in »U-Flottille Mittelmeer« umbenannt wurde. Im Januar 1918 wurde die neue Dienststelle »Führer der Unterseeboote im Mittelmeer« geschaffen, dieser unterstanden auch die in Konstantinopel stationierten U-Boote der »U-Halbflottille Konstantinopel« sowie jene in Österreich-Ungarn, nun geteilt in die »I. U-Flottille Mittelmeer« in Pola und die »II. U-Flottille Mittelmeer« in Cattaro.

Während in der Kaiserlichen Marine die Nummern »UB« für Küste-U-Boote und »UC« für Minen-U-Boote stehen, verwendete die k.u.k. Marine ausschließlich den Buchstaben »U« für alle U-Bootstypen. Das galt auch für die formell übernommenen deutschen Boote.

Nicht immer wurden aber die Nummern direkt übernommen, auch weil diese oft seitens der k.u.k. Marine bereits für eigene Boote vergeben waren.

Propagandapostkarte: Deutsches U-Boot im Mittelmeer versenkt einen Truppentransporter, ein Bild gemalt 1917 vom bekannten Marinemaler Willy Stöwer aus Wolgast in Vorpommern.

Deutsche U-Boote (Nummer links) im Mittelmeer trugen folgende k.u.k. U-Bootsnummern (rechts):	
U 21	U 51, U 36
U 32	U 37
U 33	U 33
U 34	U 34
U 35	U 35
U 38	U 38
U 39	U 39
U 47	U 36
U 63	U 63
U 64	U 64
U 65	U 65
U 72	U 72
U 73	U 73
U 121	U 84
UB 1	U 10
UB 3	U 9
UB 7	U 7
UB 8	U 8
UB 14	U 26
UB 15	U 11
UB 42	U 42
UB 43	U 43
UB 44	U 44
UB 45	U 45
UB 46	U 46
UB 47	U 47
UB 48	U 79
UB 49	U 80
UB 50	U 81
UB 51	U 82
UB 52	U 83
UB 53	U 84
UB 66	U 66
UB 67	U 67
UB 68	U 68
UB 69	U 69
UB 70	U 70
UB 71	U 71
UB 105	U 97
UB 128	U 54
UB 129	U 55
UB 130	U 56
UB 131	U 57
UB 132	U 58
UB 133	U 133
UB 134	U 134
UB 135	U 135
UB 146	U 146
UB 147	U 147
UC 12	U 24
UC 13	U 25
UC 14	U 18
UC 15	U 19
UC 20	U 60
UC 22	U 62
UC 23	U 63, U 83
UC 24	U 88
UC 25	U 89
UC 27	U 90
UC 34	U 74
UC 35	U 75
UC 37	U 77
UC 38	U 78
UC 52	U 94
UC 53	U 95
UC 54	U 96
UC 66	U 66
UC 67	U 91
UC 69	U 69
UC 73	U 92
UC 74	U 93
UC 103	U 99
UC 108	U 100
UC 116	U 78
UC 120	U 83

Anhang

Liste der Marinekommandanten

- Hans Birch Dahlerup, Vize-Admiral (Februar 1849–August 1851)
- Franz Graf Wimpffen, Vize-Admiral, (August 1851–September 1854)
- Erzherzog Ferdinand Maximilian, Vize-Admiral (September 1854–1861)
- Ludwig von Fautz, Vize-Admiral (1861–März 1865)
- Wilhelm von Tegetthoff, Vize-Admiral (März 1868–April 1871)
- Friedrich von Pöck, Admiral (April 1871–November 1883)
- Maximilian Daublebsky von Sterneck, Admiral (November 1883–Dezember 1897)
- Hermann von Spaun, Admiral (Dezember 1897–Oktober 1904)
- Graf Rudolf Montecuccoli, Admiral (Oktober 1904–Februar 1913)
- Anton Haus, Admiral/Großadmiral (Februar 1913–Februar 1917)
- Maximilian Njegovan, Admiral (April 1917–Februar 1918)
- Miklós (Nikolaus) Horthy, Kontre-Admiral/Vize-Admiral (Februar 1918–November 1918)

Anmerkung: Horthy wurde 1918 nur zum Flottenkommandanten in Pola ernannt, hatte aber nicht den üblichen Zwillingstitel als (paralleler) Sektionschef im Kriegsministerium inne, der den eigentlichen Marinekommandanten ausmachte.

Liste der Chefs der Marinesektion im Kriegsministerium in Wien

Ein eigenständiges österreichisches Marineministerium existierte nur kurz, von 1863 bis 1865 mit Friedrich Moritz Burger als Marineminister. Ansonsten war es eine Unterorganisation (= Sektion) des Kriegsministeriums in Wien. Die Titel »Flottenkommandant in Pola« und »Chef der Marinesektion in Wien« wurden aber nach 1865 in der Regel als Doppelfunktionen ausgeübt, allerdings nicht immer.
Nach dem Ausgleich mit Ungarn von 1867 scheiterten die Versuche, ein unabhängiges Marineministerium wiederherzustellen, nicht zuletzt an der Forderung der königlich ungarischen Regierung, ein allfälliges neues gemeinsames Ministerium jedenfalls in Budapest zu errichten.
Die Marinesektion in Wien war aber baulich nicht im Kriegsministerium, sondern in einem eigenen, sehr repräsentativen Gebäude untergebracht. Das letzte Gebäude wurde 1906–1908 gebaut und hat beide Weltkriege unbeschadet überlebt; es steht heute unter Denkmalschutz (Vordere Zollamtsstraße 9, Ecke Marxergasse im 3. Wiener Gemeindebezirk).

- Ludwig von Fautz, Vize-Admiral (März 1865–April 1868)
- Wilhelm von Tegetthoff, Vize-Admiral (März 1868–April 1871)
- Friedrich von Pöck, Admiral (Oktober 1872–November 1883)
- Maximilian Daublebsky von Sterneck, Admiral (November 1883–Dezember 1897)
- Hermann von Spaun, Admiral (Dezember 1897–Oktober 1904)
- Rudolf Montecuccoli, Admiral (Oktober 1904–Februar 1913)
- Anton Haus, Admiral/Großadmiral (Februar 1913–Februar 1917)
- Karl Kailer von Kaltenfels, Vize-Admiral (Februar 1917–April 1917)
- Maximilian Njegovan, Admiral (April 1917–Februar 1918)
- Franz von Holub, Vize-Admiral (Februar 1918–November 1918)

Anmerkung: 1916 wurde Anton Haus zum Großadmiral befördert, als einziger österreichischer Marineoffizier im aktiven Dienst. Sein Nachfolger, Maximilian Njegovan, wurde 1918 ebenfalls zum Großadmiral befördert, aber nur gleichzeitig mit seiner Pensionierung.

Häfen, Stützpunkte und Werften

Venedig (italienisch Venezia) war in der Gründungszeit von Österreichs Kriegsmarine der wichtigste Flottenstützpunkt und blieb bis 1866 österreichisch. Maritimes Herzstück war das berühmte Seearsenal von Venedig. Die Stadt war aber nach den revolutionären Ereignissen 1848 als Flottenstützpunkt diskreditiert. In Folge wurde ein neuer Hauptkriegshafen für die Flotte gesucht. Zur Wahl standen die Städte Triest und Pola. Letztere setzte sich schließlich ab ca. 1850 als Standort durch.

Triest (italienisch Trieste, slowenisch und kroatisch Trst) war der älteste Hafen der Monarchie, dazu der bedeutendste Handelshafen und Sitz der wichtigsten Reedereien, allen voran des 1836 gegründeten Österreichischen Lloyds und der 1895 gegründeten Austro-Americana, spielte aber als Flottenstützpunkt keine Rolle. Es war allerdings der weitaus bedeutendste Werftstandort, auch für den Kriegsschiffbau; leistungsfähigste Werft in der ganzen Monarchie war Stabilimento Tecnico Triestino (STT), die im Krieg in Austria Werft umbenannt wurde (der Name wird aber selten verwendet und hat sich nie durchgesetzt). Ab der Jahrhundertwende wurden hier auch alle k.u.k. Schlachtschiffe gebaut, nur ausgenommen SMS »Szent István«; dieses Schiff musste auf Drängen der königlichen Regierung in Budapest in der ungarischen Reichshälfte (Fiume) gebaut werden. 1908 wurde zudem die leistungsfähige private Werft Cantiere Navale Triestino (CNT) in Monfalcone gegründet, ca. 30 Kilometer nordwestlich von Triest, auf der ebenfalls viele Kriegsschiffe gebaut wurden (das Werftgelände in Monfalcone war von Juni 1915 bis Oktober 1917 von Italien besetzt, eine Fertigung unter dem Namen CNT erfolgte dann z.T. auch im Budapester Werk sowie in Pola).

Fiume (kroatisch Rijeka) war ab 1867 Teil der ungarischen Reichshälfte und zweitgrößter Handelshafen der Monarchie, quasi Ungarns Tor zur Welt. 1882 wurde die Reederei Ungarische Seeschiffahrts A.G. Adria als wichtigste ungarische Reederei gegründet, deren Schiffe von Fiume aus operierten, ebenso jene der Ungaro-Croata. Auch Fiume war als Flottenstützpunkt bedeutungslos, wichtigste Marineeinrichtung war hier die k.u.k. Marine-Akademie. Eine leistungsfähige, großindustriell strukturierte Werftindustrie wurde in Fiume erst ab 1910/11 auf Betreiben Budapests aufgebaut (mit der Danubius-Werft als Schiffbausparte des Budapester Konzerns Ganz & Co.) errichtet. Als weitere Werftstandorte des Unternehmens im Raum Fiume entwickelten sich Proto Ré und Bergudi, Arbeiten für Ganz erfolgten im Krieg auch in der DDSG Werft in Budapest (Altofen/Óbuda). In Fiume befand sich auch die relativ kleine Werft von Robert Whitehead, die in den 1860-er Jahren zur Geburtsstätte des weltweit so erfolgreichen Torpedos geworden war. Im Ersten Weltkrieg wurde zudem in Fiume zum Bau von Unterseebooten eigens die UBAG, die U-Bootsbau Aktiengesellschaft, gegründet, eine Tochterfirma der Whitehead-Werft; die Whithead & Co. AG selbst hatte schon vor dem Krieg Unterseeboote gebaut.

Pola (kroatisch Pula) wurde ab 1850 (offizielle Grundsteinlegung des Seearsenals Kaiser Franz Joseph I. aber erst am 08. Dezember 1856) zum Hauptkriegshafen, zur österreichischen »Marinestadt« schlechthin und auch zum Inbegriff der k.u.k. Kriegsmarine. Die Stadt beherbergte neben dem Seearsenal (Ausrüstungsarsenal) u.a. auch das Marinetechnische Komitee, das für die technischen Entwürfe aller Kriegsschiffe endverantwortlich war. In der Bucht von Pola ankerte stets das Gros der Flotte an verankerten Bojen. Eine leistungsfähige, marineeigene Werft gab es auf der Oliveninsel im Seearsenal von Pola (Konstruktionsarsenal).
Die Insel Santa Catarina in der Bucht von Pola entwickelte sich zum wichtigsten Stützpunkt der k.u.k. Seefliegerei. Es wurden umfangreiche Aufschüttungen vorgenommen, besonders ab 1914, und eine große Flugzeughalle gebaut sowie die notwendigen Gebäude für Personal, Ausrüstung und Werkstätten für Wartung und Reparatur der Flugzeuge. Auch die vor der Bucht liegenden Brionischen Inseln wurden von der k.u.k. Marine genutzt, u.a. als U-Bootbasis.

Die »Bocce« oder **Bucht von Cattaro** (italienisch Bocche di Cattaro, kroatisch Boka kotorska) entwickelte sich aus strategischen Gründen in der südlichen Adria ab den 1890-er Jahren zum zweitwichtigsten k.u.k. Marinestützpunkt. Die k.u.k. Kriegsmarine unterhielt im Laufe der Zeit drei Basen in der Bocche di Cattaro: Eine für die Überwasserschiffe in Teodo (Tivat), mit einem Seearsenal inklusive Werftanlagen für Instandsetzungsarbeiten, die ab ca. 1895 (Baubeginn 1889) operativ einsatzbereit war; dazu zweitens ab Ende 1914 eine Seeflugstation in Kumbor und drittens unmittelbar daneben, die U-Bootbasis Gjenovi , die ebenfalls erst im Ersten Weltkrieg entstand und besonders von Kaiserlich-Deutschen U-Booten intensiv genutzt wurde. In der Stadt Cattaro/Kotor selbst waren keine Schiffe oder Seeflugzeuge stationiert. Die verzweigte Bucht war vor allem als Operationsbasis kleinerer Einheiten im Ersten Weltkrieg sehr wichtig, von hier aus wurden zahlreiche Kampfeinsätze durchgeführt.

Es wurden natürlich noch weitere Häfen an der dalmatinischen Küste als Einsatzorte und Liegeplätze für k.u.k. Kriegsschiffe genutzt, waren aber von geringerer Bedeutung.

(Alle Skizzen Prof. Erwin Sieche)

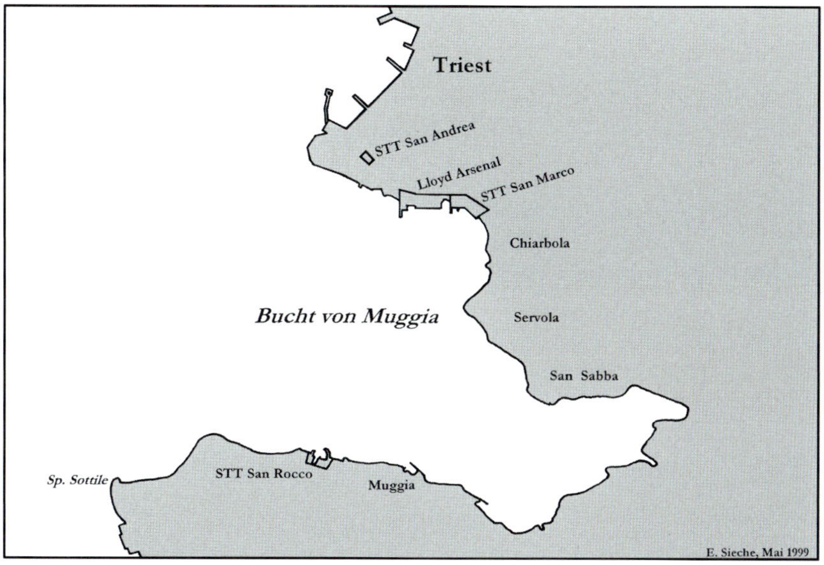
Triest
STT San Andrea
Lloyd Arsenal
STT San Marco
Chiarbola
Bucht von Muggia
Servola
San Sabba
Sp. Sottile
STT San Rocco
Muggia
E. Sieche, Mai 1999

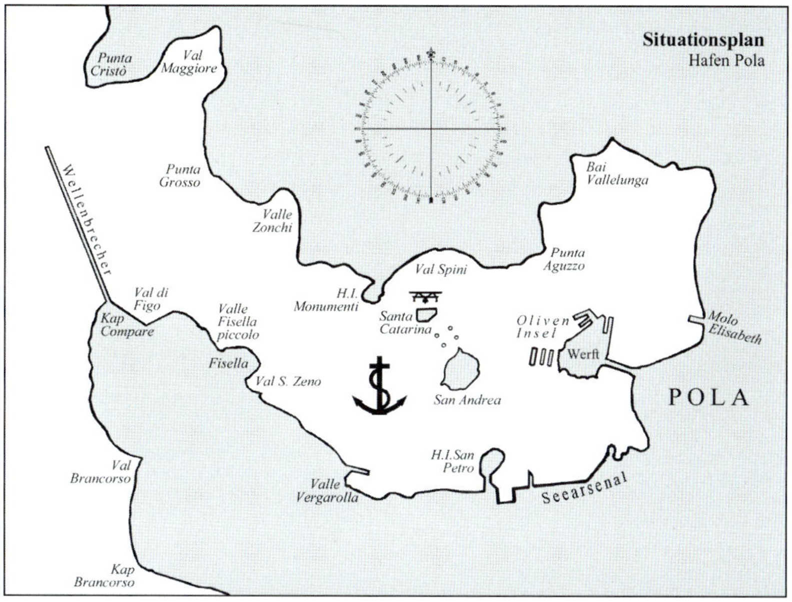
Situationsplan
Hafen Pola
Punta Cristò
Val Maggiore
Wellenbrecher
Punta Grosso
Valle Zonchi
Bai Vallelunga
Punta Aguzzo
Val Spini
H.I. Monumenti
Val di Figo
Kap Compare
Valle Fisella piccolo
Santa Catarina
Oliven Insel
Werft
Molo Elisabeth
Fisella
Val S. Zeno
San Andrea
POLA
Val Brancorso
H.I. San Petro
Valle Vergarolla
Seearsenal
Kap Brancorso

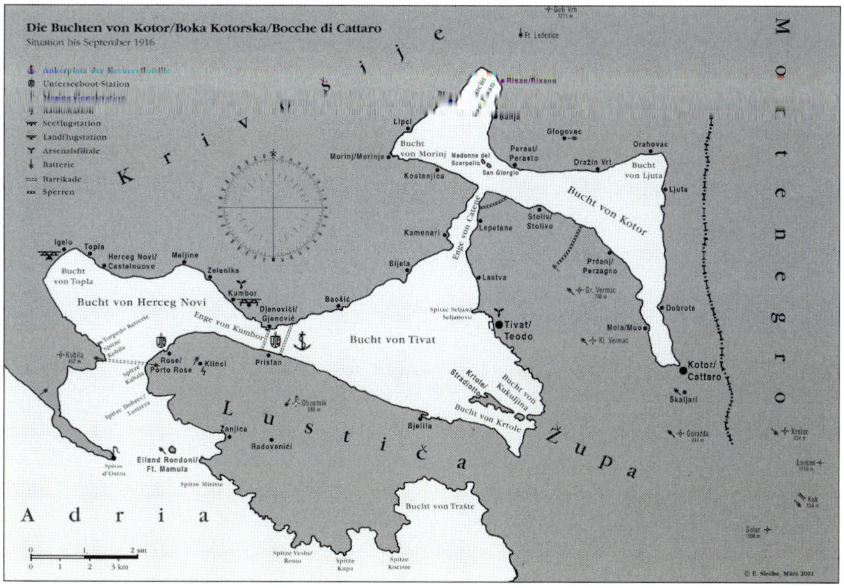
Die Buchten von Kotor/Boka Kotorska/Bocche di Cattaro
Situation bis September 1916
Unterseeboot-Station
Seeflugstation
Landflugstation
Arsenalsfiliale
Batterie
Barrikade
Sperren
Goli Vrh
Ft. Ledenice
Risan/Risano
Banja
Lipci
Bucht von Morinj
Morinj/Morinje
Madonna del Scarpello
San Giorgio
Kostanjica
Glogovac
Perast/Perasto
Orahovac
Dražin Vrt
Bucht von Ljuta
Ljuta
Bucht von Kotor
Enge von Catene
Lepetane
Stoliv/Stolivo
Kamenari
Bijela
Lastva
Prčanj/Perzagno
Gr. Vermac
Igalo
Topla
Herceg Novi/Castelnuovo
Meljine
Zelenika
Bucht von Topla
Bucht von Herceg Novi
Kumbor
Baošić
Djenovići/Gjenović
Enge von Kumbor
Spitze Seljan/Seljanovo
Tivat/Teodo
Bucht von Tivat
Dobrota
Mola/Muo
Kl. Vermac
Kotor/Cattaro
Torpedo Batterie
Spitze Kobila
Kobila
Rose/Porto Rose
Klinci
Pristan
Spitze Kabala
Krtole/Stradiotto
Bucht von Kukuljina
Bucht von Krtole
Škaljari
Spitze Dobrec/Lustizza
Obostnik
Zanjica
Radovanići
Bjelila
Goražda
Krstac
Spitze d'Ostro
Eiland Rondoni/Ft. Mamula
Spitze Mirište
Lovćen
Kuk
Solar
Bucht von Trašte
Adria
Luštica
Župa
Krivošije
Montenegro
0 1 2 sm
0 1 2 3 km
Spitze Veslo/Remo
Spitze Kupa
Spitze Kociste
© E. Sieche, März 2001

Schiffanstriche der k.u.k. Kriegsmarine

Farbanstriche erleichtern das grobe Datieren von k.u.k. Schiffsfotos sehr, selbst auf den alten Schwarzweiß-Bildern. Es gab grundsätzlich folgende Farbschemata:

- **»Viktorianisch« bis 1903/04:** Bis etwa 1903/04 war auf k.u.k. Kriegsschiffen üblicherweise der »viktorianische Anstrich« in Verwendung, gekennzeichnet durch schwarzen Rumpf, weiße Aufbauten und oft gelben bzw. beigen oder weißen (z.T. auch schwarzen) Kaminen.
- **»Montecuccoligrün« 1903/04 bis 1913/14:** Viktorianisch wurde dann durch einen durchgehend olivgrünen Anstrich ersetzt, der nach dem damaligen Marinekommandanten Rudolf Graf von Montecuccoli scherzhaft auch als »montecuccoligrün« bezeichnet wird; die Idee dahinter war, dass sich die Silhouetten der Schiffe so schwerer von der dunklen dalmatinischen Küste absetzen würden.
- **»Hausianisch« ab 1913/14:** Ab 1913 testete die k.u.k. Marine einen hellgrauen Anstrich (in der ursprünglichen Version eher blaugrau), der sich ab 1914 in einer international gebräuchlichen hellgrauen Version allgemein durchsetzte und auch »Hausianischer Anstrich« genannt wird (benannt nach dem Marinekommandanten Anton Haus).
- **Ausnahmen:** Torpedoboote bzw. Torpedofahrzeuge erlebten eine unterschiedliche Farbgebung. Sie waren für Nachtoperationen zunächst meist schwarz gestrichen (zeitweise eher ein sehr dunkles Braun), Zerstörer z.T. olivgrün. 1906 wurde für Torpedofahrzeuge ein sehr heller, grauer Farbton angeordnet und bis 1913 verwendet, dann ab 1915 durch einen mattschwarzen Anstrich abgelöst. Im Laufe des Krieges erhielten sie aber auch meist den klassischen hellgrauen Anstrich. Es gab jedoch zahlreiche Abweichungen vom Schema.
  Für Überseemissionen (»Missionsreisen«) erhielten Schiffe in der Regel einen komplett weißen »Missionsanstrich«, oft auch als »Überseeanstrich« oder »Tropenanstrich« bezeichnet. Dieser ist nicht zu verwechseln mit dem oft auf Fotos zu erkennenden weißen Werftanstrich von Neubauten. Dabei handelte es sich um keinen richtigen Anstrich, sondern um Rostschutzfarbe, die nur als Grundierung für den späteren Anstrich diente.

Liste der wichtigsten k.u.k. Kriegsschiffsverluste

Schlachtschiffe (2+1):

1. »Wien« (†12.12.1917 in der Bucht von Triest durch italienisches Motortorpedoboot MAS 9)
2. »Szent István« (†10.6.1918 vor der Insel Premuda durch italienisches Motortorpedoboot MAS 15)
3. »Viribus Unitis« (†01.11.1918 in der Bucht von Pola, nach Ende der regulären Kampfhandlungen, durch italienische Kampfschwimmer)

Kreuzer (2):

1. »Zenta« (†16.08.1914 vor Montenegro durch Artillerie der französischen Flotte)
2. »Kaiserin Elisabeth« (†02.11.1914 in der Bucht von Tsingtau, China selbstversenkt, nach Verbrauch der gesamten Munition)

Torpedobootszerstörer (4):

1. »Lika« (†29.12.1915 vor Albanien durch Minen)
2. »Triglav« (†29.12.1915 vor Albanien durch Minen)
3. »Wildfang« (†04.06.1917 vor Triest durch Treibmine)
4. »Streiter« (†16.04.1918 vor Istrien gesunken nach Kollision mit Dampfer)

Torpedoboote (2):

1. Tb 26 (†23.8.1914 vor Istrien auf eigene Mine gelaufen)
2. Tb 11 (05.11.1917 desertiert nach Italien)

U-Boote (8):

1. U 12 (†12.08.1915 vor Venedig durch Mine),
2. U 3 (†13.08.1915 vor Brindisi durch Artillerie des französischen Zerstörers »Bisson«)
3. U 6 (†10.05.1916 in der Straße von Otranto durch Treibnetztsperre)
4. U 16 (†17.10.1916 vor Albanien durch Rammung von einem italienischem Konvoi-Begleitschiff)
5. U 30 (†seit Anfang April 1917 in der südlichen Adria vermisst)
6. U 23 (†23.02.1918 vor Valona durch italienisches Torpedoboot »Airone«)
7. U 20 (†04.07.1918 in der nördlichen Adria durch italienisches U-Boot F 12)
8. U 10 (†06.07.1918 bei Caorle nach Minentreffer auf Strand gesetzt; nicht mehr repariert)

Zahlreiche Hilfsschiffe und Kleinfahrzeuge

Aufteilung der großen k.u.k. Kriegsschiffe auf die Siegermächte

England: Schlachtschiffe: »Erzherzog Friedrich«, »Erzherzog Ferdinand Max«, »Habsburg«, »Árpád«, »Babenberg«, »Monarch«, »Budapest«; Panzerkreuzer: »Kaiser Karl VI.«, »Sankt Georg«, »Kaiserin und Königin Maria Theresia«; Kreuzer: »Admiral Spaun«, »Aspern«, »Szigetvár«, »Panther«, »Leopard«.
Frankreich: Schlachtschiffe: »Prinz Eugen«, »Erzherzog Karl«; Kreuzer: »Novara«
Italien: Schlachtschiffe: »Tegetthoff«, »Radetzky«, »Zrínyi«, »Erzherzog Franz Ferdinand«; Kreuzer: »Helgoland«, »Saida«.

Anmerkung: Die siegreichen Großmächte verständigten sich nach dem Ersten Weltkrieg darauf, die Großkampfschiffe Österreich-Ungarns aufzuteilen, aber nicht weiter in ihren Flotten zu verwenden, sondern abzuwracken, auch die noch modernen Einheiten und die U-Boote. Das geschah durchwegs in den 1920-er Jahren, meist in Italien, wohin auch die England zugesprochenen Einheiten verkauft wurden. Frankreich brach einige der übernommenen Schiffe selbst ab, das Schlachtschiff »Prinz Eugen« wurde als Zielschiff versenkt.
Rom verhinderte auch mit aller Kraft, dass der neu entstandene Staat Jugoslawien kampfkräftige Schiffe aus den ehemaligen k.u.k. Beständen erhält, da es keine neuerliche maritime Konkurrenz auf der anderen Seite der Adria wollte. Die modernen Rapidkreuzer und Zerstörer wurden dagegen zum Teil in die Flotten der großen Siegermächte übernommen. Einige Torpedoboote und andere kleinere Einheiten gingen auch an Jugoslawien und Rumänien, Griechenland und Portugal. Die großen Siegermächte Japan und USA übernahmen dagegen überhaupt keine k.u.k. Kriegsschiffe auf Basis des Friedensvertrages von St. Germain. Die USA beschlagnahmten jedoch zwei Schlachtschiffe kurz nach dem Waffenstillstand 1918, um sie später allenfalls Jugoslawien auszuhändigen; eines wurde sogar kurzfristig formell in Dienst gestellt (USS »Zrinyi«), dann aber beide im Friedensvertrag Italien zugesprochen und auch vertragsgemäß von den USA übergeben.
Nachzutragen wäre hier noch, dass der Kreuzer »Kaiser Franz Joseph I.« am 17. 10.1919 unter französischer Aufsicht durch unsachgemäße Beladung während eines Sturmes unterging. Er wird daher hier weder von der Liste der Kriegsverluste noch von der Liste der auf die Siegermächte verteilten großen Schiffe erfasst.

Die k.u.k. Schlachtflotte in der Bucht von Pola im Ersten Weltkrieg in einer Luftaufnahme.

WEITERE INTERESSANTE BÜCHER ZUM THEMA

Diese Enzyklopädie beschreibt alle großen und mittleren Überwasserschiffstypen von kaiserlicher Reichs- und Kriegsmarine, angefangen von Linien- und Schlachtschiffen bis hin zu Kreuzern, Zerstörern, Flugzeugträgern sowie Kanonen- und Torpedobooten.

304 Seiten, 399 Bilder, Format 230 x 265 mm
ISBN 978-3-613-04017-5
€ 29,90 / € (A) 30,80

Ingo Bauernfeind beschreibt in seinem Buch sämtliche im Zweiten Weltkrieg eingesetzten japanischen Schlachtschiff-Klassen von der Fuso- bis zur Yamato-Klasse und schildert sowohl die Entstehung, als auch den Untergang dieser Großkampfschiffe.

144 Seiten, 170 Bilder, Format 230 x 265 mm
ISBN 978-3-613-04149-3
€ 19,95 / € (A) 20,60

Hans Karr untersucht die Organisation, Ausbildungstätigkeit sowie die unterschiedlichen Aufgaben der Bundesmarine und ihrer Vorgängerorganisation inklusive Daten und Fakten zu Schiffen, Ereignissen, Waffen, Ausrüstungen, Uniformen und Abzeichen.

304 Seiten, 376 Bilder, Format 230 x 270 mm
ISBN 978-3-613-04219-3
€ 29,90 / € (A) 30,80

Ingo Bauernfeind geht in diesem Bildband auf die einzelnen Marinen, ihre jeweiligen Rollen im Warschauer Pakt sowie ihre Über- und Unterseestreitkräfte ein. Das Buch beinhaltet u. a. bisher noch nicht veröffentlichtes Bildmaterial.

240 Seiten, 300 Bilder, Format 230 x 265 mm
ISBN 978-3-613-04126-4
€ 29,90 / € (A) 30,80

Stand Januar 2020
Änderungen in Preis und Lieferfähigkeit vorbehalten.

Überall, wo es Bücher gibt, oder
WWW.MOTORBUCH-VERSAND.DE
Service-Hotline: 0711 / 78 99 21 51

Motor buch Verlag